Ferrovie portatili
della
Prima Guerra Mondiale

Piccoli treni nella grande guerra

Ferrovie portatili della Prima Guerra Mondiale

Piccoli treni nella grande guerra

Mauro Bottegal

Publisher Mauro Bottegal
2019

First Printing: 2019
ISBN 978-0-244-14690-0
PTGG1418@gmail.com

Indice

10

Ringraziamenti.
Sono grato a mia moglie Floriana, i miei figli Caterina, Giorgio ed Elena (in rigido ordine di apparizione al mondo!) che in questi anni mi hanno sopportato e al momento giusto anche spinto a continuare in questo lavoro.
Ringrazio tutti gli amici che, soprattutto in questi ultimi mesi, ci sono stati vicini, ci hanno aiutati e coccolati, con intelligenza e cuore, energia e discrezione, piatti pronti e telefonate.

1. Prefazione

Nell'agosto del 2014, mentre ero in vacanza, ricevetti una telefonata da una persona, che mi spiegò che gli era stato chiesto di scrivere un libro sulle ferrovie Decauville della Prima Guerra Mondiale e mi chiese se volevo collaborare. Ovviamente accettai. Appena tornato a casa cominciai a scrivere un primo progetto della struttura del libro. Nei mesi successivi ci sono stati vari contatti telefonici, ma nessun incontro: tutti e due avevamo troppi impegni e abitavamo lontano. Queste difficoltà hanno portato al fallimento del lavoro in comune, ma hanno comunque fatto iniziare lo sviluppo di questo libro.

Il mio lavoro è continuato lentamente negli anni successivi, spesso interrotto dagli impegni di lavoro, da qualcuno che voleva scrivere "akssjffkksk" sul computer di papà, un altro che mi sfidava a calcio in giardino, qualcuno a cui serviva il computer per fare i compiti, qualcuno che si invitava a cena a casa nostra, altri amici che ci invitavano a cena a casa loro, qualcuno che invitava amici a pranzo. Tutte queste cose hanno fatto si che questo libro non si sviluppasse con i tempi e con la continuità che avrei voluto, ma mi hanno tenuto legato alla realtà della vita quotidiana permettendo, credo, di avere una visione più realistica e meno idealizzata, dell'oggetto presentato. Quindi si può dire che questo è il risultato di un gruppo di lavoro sui generis, ma come si dice: "le vie del Signore sono infinite" e, aggiungo io, sempre stupefacenti.

Il risultato è un libro non strettamente tecnico e forse nemmeno molto preciso, ma utile a fare capire il funzionamento delle ferrovie portatili durante la Grande Guerra. La mancanza di precisione è dovuta alla mancanza di documenti originali dovuta al contesto di emergenza nel quale si sono utilizzate queste ferrovie. L'origine delle informazioni sta in libri e soprattutto in vari siti internet: non mi sono mai mosso da casa per le mie ricerche. Avrei voluto farlo ma una lunga serie di circostanze me l'hanno impedito.

Mi auguro che il lettore possa essere colpito dalla descrizione di questo sistema di trasporto, che in questa forma particolare è sparito con la fine della Grande Guerra.

Alla fine del 2018 un fatto inaspettato, rapido e imperativo mi ha impedito di revisionare il libro prima di mandarlo in stampa, spero che i lettori mi perdoneranno gli inevitabili errori presenti.

Alcune note:
•   I disegni, tutti fatti da me, non sono sempre precisi. Alcuni sono ricavati da fotografie e spesso le macchine e veicoli sono stati costruiti con dettagli diversi a seconda del momento e del costruttore o anche modificati durante l'uso. Spero di

dare un'idea generale dei veicoli. Spero anche possano ispirare qualcuno a realizzarne i modelli in scala.

• Riguardo i nomi delle località ho scelto di indicare per primo il nome attuale, per facilitare l'identificazione. Alcuni luoghi hanno cambiato nazione più volte e di conseguenza il nome è stato modificato. Alcuni nomi sono scritti anche con caratteri cirillici o greci, più la trascrizione con quelli latini. La situazione è molto difficile in particolare tra Polonia e Ucraina, e nel nord della Grecia.

• Per quanto riguarda l'Alto Adige - Südtirol, il criterio è stato di considerare che, almeno storicamente, anche dopo un secolo di appartenenza all'Italia e facendo parte dell'Unione Europea, la maggior parte degli abitanti parlano tedesco e quindi ho messo per primo in nome tedesco e poi quello italiano.

• Alcune mappe non sono precise: i tracciati rettilinei indicano solo la località di inizio e fine. A questo indirizzo c'è una mappa di tutte le linee trovate http://u.osmfr.org/m/264333/ , chi avesse informazioni o correzioni mi può scrivere all'indirizzo e-mail PTGG1418@gmail.com .

• Ho dato più importanza alla tecnica che non agli aspetti militari.

• Il libro avrebbe dovuto descrivere solo le ferrovie smontabili, ma ho aggiunto anche quelle a scartamento ordinario che sono interessanti.

• Tutte le foto avendo più di 100 anni sono di libero utilizzo. Di molte, trovate in internet negli ultimi 20 anni, non riesco a ritrovare l'origine. Di altre i siti da cui sono state salvate sono stati chiusi o nessuno risponde alle e-mail di richiesta di autorizzazione alla pubblicazione.

• L'Italiano è una lingua poco diffusa, se qualcuno fosse interessato a tradurre il libro in altre lingue mi contatti pure.

Devo ringraziare:

• Leonardo Micheletti, che ha dato il via a questo lavoro e mi ha fornito molte informazioni e documenti;

• Alberto Locatelli, che ha concesso una foto delle ferrovia ad Agordo;

• Alessandro Albè, per le belle foto delle ferrovie industriali della ditta Edison;

• Paul Brascanu, per le molte foto e informazioni dalla Romania;

• Dario Zontini, per le informazioni sulla decauville di Storo

• Enrico Valmassoi per le foto della ferrovia Feltre - Fastro

Ho pensato di utilizzare alcuni strumenti internet per rimanere in contatto con i lettori interessati :

- E-mail: PTGG1418@gmail.com
- Facebook: Piccoli Treni Grande Guerra,
                     https://www.facebook.com/profile.php?id=100024324365913
- Twitter: https://twitter.com/PTGG1418
- Ho creato una mappa online dove registrare tutte le ferrovie delle quali esiste qualche dato, si trova all'indirizzo: http://u.osmfr.org/m/264333/
- Youtube: PTGG1418

E-mail

Facebook

Twitter

WWI Map

Youtube

Pinterest

2. Origine delle ferrovie portatili

Cos'è una ferrovia? Si tratta di un impianto di trasporto nel quale dei veicoli si muovono guidati su un percorso vincolato. Si tratta di un impianto vero e proprio, nel quale il percorso, il carico da trasportare e i veicoli sono strettamente legati tra loro. I primi esempi di mezzi di trasporto su guide vincolanti risalgono all'antichità, erano strade dotate di solchi nei quali rotolavano le ruote dei carri. Verso il 1500 esistevano nelle miniere carrelli che viaggiavano su rotaie di legno guidati da un piolo posto in centro. Le ferrovie come le intendiamo comunemente risalgono al periodo tra la fine del 1700 e i primi anni del 1800.

La guerra è sempre stata presente nella storia dell'uomo. A volte tecnologie nate a scopo pacifico sono state adattate ad essa, a volte è successo il contrario. La logistica, il trasporto delle truppe, delle armi e dei mezzi di sostentamento è sempre stato un grosso problema, spesso determinante sia per l'esito di una guerra e per la successiva ricostruzione.

Fino al medioevo per ogni effettivo combattente erano necessari al seguito molti uomini e mezzi di supporto. I nobili, i cavalieri, esistevano per difendere combattendo il territorio e il popolo sui quali dominavano. Il popolo li manteneva, attraverso le tasse e il lavoro, avendo in cambio la protezione. La guerra era comunque molto onerosa e questo era ed è il migliore deterrente contro di essa: si andava in guerra solo quando era inevitabile.

Dopo la rivoluzione industriale, l'evoluzione tecnologica permise la costruzione di armi molto efficaci ma pesanti e complesse, difficili da trasportare. Inoltre richiedevano di essere rifornite con proiettili pesanti. In Francia si pensò di utilizzare queste macchine in una linea di difesa fortificata verso la Germania, la Linea Maginot. Era formata da una serie di strutture integrate tra loro. Era solida e ben organizzata, come una fabbrica moderna. Le postazioni di tiro e i magazzini dei proiettili risultavano ben collegati tra loro. Bisognava però trovare un sistema per usare le nuove armi sul terreno aperto, su un eventuale fronte mobile.

Fino alla metà del XIX secolo i mezzi di trasporto per le merci erano gli animali da soma, i carri, le chiatte e le navi. Le ferrovie, in rapido sviluppo, non raggiungevano ancora tutti i luoghi.

La situazione del trasporto merci può essere riassunta così:

1- Gli animali da soma venivano usati nei luoghi senza strade carrabili, su terreni accidentati, arrivavano in ogni luogo ma erano lenti e non trasportavano grandi carichi.

2- I carri percorrevano strade sterrate i cui tracciati seguivano l'andamento del terreno. In caso di pioggia o neve risultavano impraticabili, la strada diventava fangosa. I cavalli da tiro erano costosi da gestire, gli asini erano più economici ma meno potenti, i muli erano un buon compromesso.

3- Le navi trasportavano grandi quantità di merci ma erano lente e servivano solo le località marine o lungo i grandi fiumi.

4- Le chiatte potevano raggiungere anche le località lontane dal mare percorrendo i canali navigabili, ma i costi e i tempi di realizzazione di questi erano giustificati solo su percorsi molto trafficati. In inverno erano bloccati dal ghiaccio. La ferrovia Liverpool - Manchester, del 1830, venne costruita proprio per evitare il blocco invernale del trasporto del carbone. Un grande esempio di canale artificiale è il Canal du Midi, tra Tolosa e Séte, inaugurato nel 1691 e rimasto in funzione fino al 1989. Insieme al Canale Laterale della Garonna (Canal de Garonne) congiunge l'Oceano Atlantico al Mediterraneo. Per costruirlo lavorarono 12000 operai per 15 anni. Con lo sviluppo delle ferrovie industriali si iniziò a posare binari lungo le loro rive per fare trainare le chiatte da locomotive.

5- Le ferrovie erano già efficienti e diffuse sul territorio, ma erano onerose da costruire e difficilmente adattabili alle situazioni di guerra. Vennero comunque usate per esempio nella Guerra Boera e nella Guerra Civile Americana. Vennero usati mezzi e linee già esistenti con minimi interventi di adeguamento. Non era quindi un sistema di trasporto progettato per la guerra e quindi l'utilizzo era limitato alle retrovie e rimaneva da risolvere il problema del rifornimento diretto del fronte.

Per arrivare direttamente alle zone di combattimento serviva un mezzo di trasporto semplice, adattabile, robusto e facile da gestire anche da persone con un addestramento limitato.

Il primo sistema di ferrovia capace di essere installata velocemente e smontata in maniera altrettanto veloce, venne creato in Francia nel 1872 dall'ingegnere H. Corbin, per le sue coltivazioni agricole. Per velocizzare la raccolta nei campi e ridurre la percentuale di prodotto marcito prima della lavorazione, aveva creato un piccola ferrovia formata da elementi di binario di legno prefabbricati, simili ad una scala a pioli. La parte superiore della rotaia di legno era coperta da una lamina metallica per avere maggiore robustezza e scorrevolezza. Questi elementi di binario potevano essere posati direttamente sul terreno senza grossi lavori di preparazione e uniti tra di loro per comporre percorsi di grande lunghezza, su questi binari circolavano dei semplici carrelli spinti a mano o trainati da animali. La loro caratteristica più evidente era che avevano un solo asse, e ogni carrello appoggiava sul successivo, solo il primo di ogni convoglio aveva due assi. In pratica i treni erano formati da un unico carro articolato. Questa ferrovia pur estremamente semplice consentì di velocizzare di molto la raccolta dei prodotti agricoli consentendo di aumentare l'efficienza delle fattorie.

Nel 1873 Paul Decauville, industriale e proprietario di coltivazioni di barbabietola da zucchero in Francia, probabilmente ispirandosi alle ferrovia di Corbin, aveva progettato e costruito un sistema simile ma più robusto, con spezzoni di binario interamente metallici, inizialmente con scartamento di 0,4 m, poi portato a 0,5 m e infine a 0,6 m. Decauville aveva progettato e costruito, nelle sue officine di Petit-

Bourg, un sistema completo composto da binari dritti, curvi, scambi, piattaforme girevoli, vagoni. Oltre ad utilizzarlo nelle proprie coltivazioni, con intelligenza, pensò di vendere il suo sistema di trasporto a chiunque lo volesse acquistare. All'inizio venne utilizzata solo la trazione a mano o con animali. Nel 1877 Decauville si recò in Galles per vedere di persona la Ffestiniog Railway, ferrovia a scartamento di 0,597 m (in misure imperiali 1 ft 11+1/2 in, ovvero 1 piede e 11 pollici e mezzo: ½ pollice meno di 2 piedi!), inaugurata nel 1836, lunga 21 Km da Porthmadog a Blaenau Ffestiniog e in funzione ancora oggi per scopo turistico. Questa linea in origine usava la trazione animale, per i treni in salita, e la forza di gravità per quelli in discesa. Dal 1863 vennero introdotte le prime locomotive a vapore. Dopo questa visita, Decauville si convinse dell'utilità dell'applicazione della trazione meccanica sul suo sistema di ferrovia. Al suo ritorno in Francia studiò delle locomotive piccole e leggere per il suo sistema di ferrovia e, non potendole costruire direttamente nelle proprie officine, ne affidò la costruzione al costruttore Hainaut di Couillet in Belgio.

Illustrazione 1: Locomotiva articolata sistema Mallet per ferrovia a scartamento di 0,6 m (Imm. da "The engeener" 24-05-1889)

Con l'introduzione della trazione meccanica, a vapore, la ferrovia smontabile aumentò di molto la sua capacità di trasporto sia in termini di massa trasportata che di distanza percorsa e divenne il migliore mezzo disponibile per spostare grandi quantità di materiali nell'agricoltura e nell'industria, anche su distanze di varie decine di kilometri. Il fatto di essere formata da elementi di binario prefabbricati consentiva di montarla, smontarla ed eventualmente spostarla senza grande sforzo, 4 uomini potevano trasportare uno spezzone di binario. Era lo stesso principio dei trenini giocattolo montati sul pavimento da casa. I binari metallici consentivano di trasportare un carico maggiore rispetto ai carri stradali che si muovevano direttamente sul terreno, quasi mai pavimentato. Il fatto di adattarsi perfettamente sia al terreno morbido sia a quello duro e accidentato era utilissimo soprattutto in agricoltura e nelle miniere e cave. Dopo pochi anni dall'inizio della produzione industriale, Decauville era in grado di fornire ai propri clienti, ferrovie "chiavi in mano" con binari, treni, segnali e tutto ciò di cui un cliente poteva avere bisogno. In occasione dell'Esposizione Universale di Parigi del 1889 a Parigi, Decauville realizzò una, all'interno dello spazio dell'esposizione, linea a scartamento di 0,6 m di circa 3 km per il trasporto dei visitatori. Questa ferrovia, come citato da svariate fonti, trasportò più di 6,000,000 passeggeri paganti senza nessun incidente segnalato. La trazione dei treni era assicurata da locomotive a vapore articolate tipo Mallet, rodiggio B'B. In seguito a questa realizzazione, vennero costruite anche ferrovie per il trasporto pubblico usando lo scartamento di 0,6 m. Un paio di esempi sono state la Chemin de Fer du Calvados e il Tramway Pithiviers Toury.

Le locomotive a vapore tipo Mallet, erano locomotive articolate caratterizzate da due gruppi di ruote motrici mossi da due motori a vapore, con due cilindri ognuno, alimentati da un'unica caldaia. Le ruote posteriori erano fissate al telaio della locomotiva, come di norma, e le anteriori erano fissate a un carrello articolato che poteva ruotare rispetto al telaio della locomotiva tramite un'articolazione posta alla sua estremità posteriore. Il telaio articolato si adattava meglio di uno rigido alle curve strette e al binario sconnesso: le ruote anteriori fungevano da carrello di guida. Altra caratteristica era l'alimentazione composta del vapore. Questo usciva dalla caldaia, ad alta temperatura e pressione e alimentava il motore posteriore, poi, in uscita da questi primi cilindri, avendo perso parte della pressione e della temperatura, andava ad alimentare il motore anteriore, che avendo cilindri di dimensione maggiore rispetto ai primi, sfruttava la pressione residua del vapore. Questo, oltre a consentire un migliore utilizzo del vapore, che veniva usato due volte e veniva scaricato dopo avere ceduto quasi tutta la sua pressione, limitava anche il problema dello slittamento delle ruote. Infatti se in caso di poca aderenza, slittavano le ruote posteriori, i cilindri ad alta pressione, muovendosi ad alta velocità inviavano troppo vapore ai cilindri a bassa pressione che, lavorando a minore velocità non potevano accoglierlo e quindi lo fermavano, rallentando anche i cilindri ad alta pressione fino a fare riprendere aderenza alle ruote posteriori. Se a slittare erano le ruote anteriori, i cilindri a bassa pressione immediatamente non ricevevano abbastanza vapore da quelli ad alta pressione, rallentando fino a riprendere aderenza.

Alla fine del XIX secolo l'industria poteva produrre un sistema di ferrovia portatile, efficiente e adattabile a differenti usi, civili e militari. A Decauville, nel frattempo, si aggiunsero altri costruttori che proponevano ognuno il proprio sistema di ferrovie smontabili, simili al suo e quasi compltamente compatibili tra loro, esattamente come accade oggi per le ferrovie modello in scala.

Attualmente le ferrovie smontabili o provvisorie sono ancora usate in alcune situazioni.

Illustrazione 2: Locomotiva nel cantiere del tunnel ferroviario di Monte Zucco, sulla ferrovia Ponte nelle Alpi – Calalzo, con scartamento di 0,9 m. Le ruote gommate servivano per la trazione, e quelle ferroviarie per la direzione. (M. Bottegal 2001)

A volte si tratta si impianti complessi, deve circolano contemporaneamente più treni, anche comandati a distanza, o con sistemi di segnalamento paragonabili a quelli delle vere ferrovie. La trazione è affidata a locomotive Diesel o elettriche, sia a batterie che con alimentazione aerea, ma esistono dei prototipi alimentati da celle a combustibile, e la lunghezza dei treni e la loro capacità di trasporto può essere notevole. In alcuni casi si usano treni automotori e navetta o binari circolari, chiamati anche racchette, di inversione di marcia per ridurre la necessità di manovrare le locomotive.

Illustrazione 3: Ferrovia per l'estrazione della torba. (da foto di orig. sconosciuta)

Spesso lo scartamento adottato è maggiore di 0,6 m, si usano quelli di 0,9 m o 1 m e le rotaie sono relativamente pesanti. Per la costruzione del Canale di Panama venne impiantata una ferrovia a scartamento di 0,6 m automatica: vi viaggiavano carri automotori a trazione elettrica trifase che viaggiavano singolarmente lungo la ferrovia con un percorso ad anello dal luogo di scavo a quello di scarico. I carri mantenevano sempre la distanza costante tra loro in quanto i motori elettrici sincroni trifase, essendo rigidamente legati alla frequenza della corrente elettrica che li alimentava, mantenevano la stessa velocità a tutti i carri, indipendentemente dal carico trasportato e dalle pendenze.

In altri casi, di solito dove gli impianti hanno un'origine relativamente antica si usano ancora binari prefabbricati con scartamento di 0,6 m e piccole locomotive e carrelli molto semplici.

Gli utilizzi attualmente comuni sono:

1- Grandi cantieri. Per esempio il cantiere del tunnel ferroviario del San Gottardo dell'AlpTransit in Svizzera, i binari erano posati in modo permanente. C'era un sistema di segnalamento con semafori luminosi.

2- Torbiere. L'estrazione della torba avviene su terreni estremamente soffici che non sopportano il peso delle macchine operatrici. I binari distribuiscono il peso delle ruote su una maggiore superficie di terreno impedendo ai veicoli di affondare nel terreno fangoso. In Germania e Polonia è usato lo scartamento di 0,6 m, in Irlanda, per la società elettrica Bord na Móna si usa lo scartamento di 0,914 m (3 piedi), nel Regno Unito esistono linee da 0,61 m (2 piedi) e 0,914 m.

3- Saline. Esistono ancora delle ferrovie per l'estrazione del sale marino, una è in uso nelle saline di Cervia. Si usano i treni perché possono percorrere gli argini stretti che separano le vasche di evaporazione dell'acqua marina.

Illustrazione 4: Ferrovia per la raccolta della canna da zucchero nel Queensland, in Australia, scartamento 0,61 m. (Da canetrains.com non più attivo)

4- Coltivazione della canna da zucchero. Si usano le ferrovie perché sono ancora il migliore sistema per trasportare rapidamente tutta la canna da zucchero al momento del raccolto. In Queensland, Australia, esistono (2018) circa 4000 Km di ferrovie moderne con binari permanenti a scartamento di 0,61 m (2 piedi), i treni ricevono gli ordini di movimento via radio da una centrale. Le locomotive sono macchine moderne e trainano treni molto lunghi, in coda ai quali sono agganciati speciali carri-freno telecomandati via radio dalla locomotiva e che al bisogno possono spostarsi da soli, controllati a distanza via radio. I carri per il trasporto della canna sono chiamati "Bin" (Cesto), possono essere sia a carrelli sia a 2 assi. Assomigliano a grandi cestini metallici con le ruote. I treni giungono vuoti ai luoghi di carico, lasciano il numero di carri necessari e il resto del treno riparte verso altre destinazioni. I carri lasciati vengono caricati singolarmente o a gruppi di due o tre su un camion che li porta nei campi dove vengono caricati in marcia dalle trebbiatrici. Una volta carichi, il camion li riporta sui binari per formare un treno carico da mandare allo zuccherificio. In internet si possono trovare interessanti filmati che mostrano queste operazioni. Giunti allo zuccherificio vengono scaricati ribaltandoli con una grande macchina che li va ruotare fino a fare cadere tutto il carico. Per controllare che non si sganci qualche vagone, sull'ultimo vagone viene posto un segnale visibile dalla locomotiva. Altre ferrovie per la raccolta della canna da zucchero, ma meno tecnologiche ed efficienti, si trovano a Java, nelle isole Fiji e in Egitto.

5- Servizi turistici. Alcune linee industriali convertite all'uso turistico, come nel Parco Archeominerario di San Silvestro in Toscana, la miniera di Gambatesa o la miniera di Schneeberg-Monteneve. Esistono anche alcune linee per il trasporto di turisti in località balneari a Saint-Trojan in Francia o a Caparica in Portogallo, vicino a Lisbona.

In Valtellina e Val Chiavenna, esistono ancora (2019) alcune linee di servizio per gli impianti idroelettrici della società Edison. Si compongono di tratti di linea orizzontali, collegati tra loro da piani inclinati (funicolari). Vi sono in servizio vari tipi di locomotive a batteria. Queste linee non sono aperte al pubblico e sono una proprietà privata, ma intersecando alcuni sentieri è possibile imbattersi in questi treni.

Illustrazione 5: Treno Edison per trasporto di nuovi componenti per un impianto idroelettrico. Si nota un vagone ribassato a carrelli e in coda un vagone a 2 assi per il personale. (Coll. Bottegal)

Esistono inoltre ancora (2018) alcune ferrovie per trasporto pubblico e commerciale con scartamento di 0,6 m o 0,61 m. Queste sono però costruite con armamento permanente, non con elementi prefabbricati. Tra queste ricordo:

1- in India, Darjeeling Himalayan Railway, di 48 Km, che raggiunge l'altitudine di 2200 m con 3 elicoidali e 5 punti a zig-zag.

2- in India, Matheran - Neral, in India, di 21 Km con pendenze del 5%.

3- in India, Gwalior Light Railway, la velocità massima di 35 km/h. Questa linea sta per essere convertita allo scartamento largo.

4- in Sud Africa, Porth Elizabeth - Avontuur con la diramazione per Patensie, in Sud Africa, ormai di fatto chiusa al traffico commerciale, che ha una lunghezza di 288 Km e vi circolano le più grandi locomotive per questo scartamento, classificate come gruppo 91-000 delle SAR: larghe 4 volte il binario e possono funzionare in comando multiplo fino a 3 unità. Vi circolano anche carri per container standard larghi 2,43 m, ovvero 8 piedi. La velocità massima è di 40 Km/h, ma pare si siano raggiunti anche più di 60 Km/h. Vi sono stati effettuati treni con una massa totale di più di 1000 tonnellate. Vi circolavano anche delle grandi locomotive a vapore articolate con sistema Garrat, una delle quali è attualmente (2014) presso la Schinznacher Baumschulbahn (www.schbb.ch) in Svizzera e altre sono in servizio nel Regno Unito.

Illustrazione 6: Le più grandi locomotive per lo scartamento di 0,61 m. Sono il gruppo 91-000 delle Ferrovie Sudafricane, modello UM6B della General Electric. Costruite nel 1973 hanno una potenza di 480 KW. (Da una foto di autore sconosciuto)

3. Nascita dei sistemi militari

Dato che le ferrovie portatili, sia di Decauville che di altre industrie, si erano rivelate una soluzione molto efficiente nell'industria e in agricoltura, gli eserciti cominciarono a pensare di poterle utilizzarle per scopi militari, per migliorare la logistica, in particolare nelle fortezze, che avevano caratteristiche di esigenza di trasporto simili ai grandi impianti industriali e anche in campo aperto. Come nelle miniere e nelle grandi industrie questa ferrovia poteva attraversare corridoi e cunicoli delle fortezze ed i vagoni potevano raggiungere i diversi livelli utilizzando montacarichi e piani inclinati. In Francia si pensò di utilizzare queste ferrovie nella Linea Maginot e negli stabilimenti di produzione delle armi.

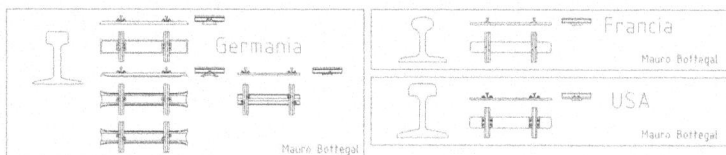

Illustrazione 7: Confronto tra i binari scelti da alcuni eserciti per le ferrovie smontabili.

La Prima Guerra Mondiale, contrariamente alle previsioni, si rivelò una guerra di trincea con il fronte che poteva stare fermo per mesi e poi spostarsi di kilometri in poche ore, per poi stabilizzarsi ancora per mesi in luoghi non previsti. Questo fatto fece in modo che si dovettero installare queste ferrovie fuori dai luoghi previsti, in campo aperto, su distanze anche di decine di kilometri. Le ferrovie interne alle fortificazioni rimasero una piccola componente rispetto a quelle posate in campo aperto.

In alcuni casi vennero posate ferrovie per rifornire un solo grande cannone. A Zillisheim, in Francia, ne venne costruita una di 2,5 Km per rifornire di proiettili un cannone da 38 cm che sparò solo 44 colpi.

Ovviamente sorse il problema di trovare tutto il necessario per impiantare velocemente e gestire queste ferrovie. Servivano binari, carri, locomotive e anche personale addestrato. Il materiale costruito in vista della guerra non era sufficiente alle esigenze di trasporto create dalle operazioni militari. L'unica eccezione forse fu la Germania che aveva preparato grandi scorte di materiale ferroviario. In genere si dovette iniziare a produrre rapidamente nuovo materiale, a requisire attrezzature in uso nelle industrie e a ordinare a fornitori stranieri. Subito all'inizio della guerra vennero posate linee verso le zone di confine e di combattimento come era stato previsto dagli eserciti durante gli anni di preparazione. In seguito e in maniera meno organizzata e meno prevista, vennero usate anche per integrare o sostituire linee ferroviarie normali danneggiate o non ancora costruite. Nelle zone montane vennero integrate con le teleferiche per ovviare al problema di dovere superare dislivelli difficoltosi per le ferrovie. Per esempio il collegamento tra la ferrovia del Piave e quella della Valsugana veniva svolto tramite ferrovia da 0,6 m sul percorso Feltre - Arsiè - Fastro e poi con teleferiche per superare il dislivello presente tra Fastro e Primolano. Si vennero a creare in vari luoghi dei sistemi di trasporto multimodale che comprendevano strade, ferrovie leggere, ferrovie, teleferiche, canali e animali da soma.

Per capire bene la situazione è utile leggere ciò che scrisse Robert K. Tomlin, per "Engineering News Record" (marzo 1918), riguardo la situazione trovata dall'esercito americano al suo arrivo in Francia: "All'inizio si è constatato che per rifornire la prima linea con i camion, ne sarebbero stati necessari un numero talmente alto che le strade sarebbero state sempre intasate dal traffico. Si è poi valutato che questo traffico avrebbe rovinato la strada fino al punto di dovere utilizzare gran parte dei camion per riparare i danni causati dal loro stesso passaggio. Le ferrovie leggere sono state quindi utilizzate per evitare questo problema, e hanno funzionato talmente bene che ora si sono ridotto di molto le interruzioni stradali per riparazioni e si possono usare le strade per il traffico veloce. Il trasporto risulta ripartito così: carichi pesanti e ingombranti vengono trasportati su ferrovia leggera, i carichi leggeri e veloci sulle strade".

Le ferrovie leggere si rivelarono come il migliore mezzo di trasporto per grandi carichi disponibile sui fronti di guerra.

I loro difetti erano:

+ Limitata capacità di trasporto rispetto alle ferrovie standard.
+ Necessità del trasbordo del carico dalle ferrovie standard.
+ Il fumo delle locomotive a vapore poteva essere visto da lontano, per questo motivo le locomotive a vapore venivano tenute lontano dalla prima linea e sostituite da quelle a combustione interna o a batterie.

I loro pregi erano:

+ Velocità di realizzo, in poche ore era possibile montare o smontare un sistema di trasporto efficiente per carichi pesanti.

+ Semplicità di installazione, probabilmente era più semplice costruire una linea ferroviaria con elementi prefabbricati che non una strada carrabile, anche la larghezza era minore di quella di una strada adatta ai camion.

+ Non rovinavano il terreno su cui passavano, perché il peso era scaricato dalle ruote non direttamente sul terreno ma sulle rotaie che lo distribuivano su una superfice più ampia. Questo era importante anche nei magazzini e nei nodi di scambio, nei quali non era necessario preparare una grande superficie di terreno pavimentato per evitare il formarsi di fango.

+ Erano semplici: una sola locomotiva, il motore a vapore era affidabile e semplice, per treno, mentre ogni camion era una macchina relativamente complicata e soggetta a frequenti guasti e a una manutenzione costante.

+ La velocità bassa era compensata dalla capacità di trasporto di ogni treno. Ogni vagone poteva trasportare la quantità di molti carri trainati da cavalli, per le feldbahn austro-ungariche il rapporto era di 1 vagone per 6 carri.

Le ferrovie leggere portatili si sono rivelate inadatte ai grandi spostamenti di mezzi e truppe, contrariamente a quelle a scartamento normale. La loro capacità di trasporto era troppo limitata. Ma, insieme alle teleferiche, sono state un fondamentale sistema di rifornimento delle linea del fronte.

Illustrazione 8: Cavallino Treporti (VE), tratto di binario decauville all'ingresso di un villaggio turistico. (2018 foto Bottegal)

3.1. Italia

Illustrazione 9: Resto di binario a scartamento di 0,5 m a Cavallino Treporti (VE). Attualmente (2018) si trova all'interno del Villaggio San Paolo. (Foto Bottegal 2017)

Nel 1855 durante la guerra di Crimea, il Genio dell'Esercito del Regno di Sardegna costruì una ferrovia di 12 Km tra il porto di Balaclava e la zona di Kamara. Era una ferrovia molto semplice che comunque trasportò una grande quantità di materiali.

Una fonte russa cita come italiano il "sistema Legrand", ovvero un sistema di ferrovie portatili prodotto, forse, dalla ditta belga Canon-Legrand. Questa ditta pare non fornisse binari in elementi prefabbricati, ma singoli componenti che dovevano quindi essere assemblati per formare il binario come nelle ferrovie permanenti. Questo fatto fece abbandonare questi sistema e adottare unicamente gli elementi di binario prefabbricati. Le principali caratteristiche dei binari prefabbricati erano simili alle altre ferrovie portatili prodotte da altre industrie europee: scartamento di 0,6 m ed elementi di lunghezza 1,5 m, 2 m, 5 m.

Probabilmente in Italia, come fece all'inizio il Regno Unito, non era stato organizzato un vero grande sistema standard militare di ferrovie leggere portatili, ma a seconda dei casi si installarono impianti senza pensare a un grande sistema standardizzato contrariamente a come fatto in Germania o Francia.

Forse copiando dalla Francia, l'Italia aveva pensato a un utilizzo delle ferrovie leggere limitato alle fortezze, per logistica interna e non un sistema standard di ferrovie portatili da impiantare sui luoghi di guerra, non esistevano grandi scorte di materiali preparati in vista di essa. Prima della guerra erano stato costruite alcune linee strategiche sia con scartamento ordinario che ridotto. Tra quelle scartamento ordinario segnalo la Belluno - Calalzo di Cadore, e a scartamento ridotto, tutte di 0,75 m , la Cividale - Suzida (Caporetto), la Tolmezzo - Paluzza - Moscardo e la

Villa Santina - Comeglians. Rimase invece da costruire la Vittorio Veneto - Ponte nelle Alpi, a scartamento ordinario, costruita poi nel 1938, che sarebbe stata il collegamento più rapido tra il fronte dolomitico e la pianura veneta. Per queste linee, forse anche per le ferrovie cadorine, alla Società Veneta vennero consegnate anche delle locotender a 2 assi classificate come gruppo 9, costruite dalle Officine Breda di Milano. Erano ferrovie costruite rapidamente ma con armamento permanente, pensate anche per un utilizzo civile e date in gestione alla Società Veneta. Similmente, anche le ferrovie della Val Gardena e della Val di Fiemme, costruite dagli austroungarici con scartamento di 0,76 m erano progettate anche per un futuro uso civile e partendo da progetti precedenti. Queste tre linee friulane vennero tutte chiuse verso il 1930. Tra le linee strategiche credo si possa segnalare anche la Brescia - Edolo, del 1911, costruita per motivi industriali ma dando attenzione a un eventuale fronte di guerra sull'Adamello.

Illustrazione 10: Foto di una locomotiva Porter, forse una di quelle consegnate all'esercito italiano. La didascalia riporta: Locomotiva da cantiere per il Dipartimento Logistica dell'Esercito degli Stati Uniti. (da foto archives.gov)

Un gruppo di linee a scartamento probabilmente di 0,5 m venne impiantato a partire dal 1909, sul litorale del Cavallino, tra Venezia e Jesolo. Esiste ancora (2017) uno spezzone di binario all'interno ella struttura turistica Villaggio San Paolo, ex Batteria Radaelli e un altro all'ingresso del Villaggio Mediterraneo. Serviva le difese marine di Venezia. Il tracciato seguiva la costa e raggiungeva i porticcioli militari a Ca' Vio, Ca' Savio e Punta Sabbioni collegandoli a quello di Forte Treporti a Punta Sabbioni, e raggiungeva la zona di Faro - Valle Dolce. Delle fonti locali parlano dell'utilizzo di locomotive a benzina e trattandosi di ferrovie per fortificazioni questa cosa si può ritenere vera. La funzione originale di queste linee un volta completati i lavori di costruzione delle nuove batterie era quello di alimentarle con i grandi proiettili necessari che venivano conservati in polveriere lontane dalle batterie per motivi di sicurezza. Dopo Caporetto, nel 1917, venne prolungata, verso Cortellazzo dove si era fermato il fronte terrestre e divenne una delle linee di rifornimento per i combattimenti terrestri. Si sa che rimase in servizio, almeno la parte collegata alle fortificazioni del Cavallino, anche durante la seconda guerra mondiale e che fu smantellata subito dopo. Una locomotiva è attualmente conservata a Mestre all'interno del Forte Marghera.

3.1.1. Tecnica delle ferrovie portatili italiane

Questo che segue è un riassunto da "Istruzione sulle ferrovie a scartamento ridotto e portatili", il manuale dell'esercito italiano per la costruzione e l'esercizio delle ferrovie portatili e a scartamento ridotto. Anche se è del 1937 risulta essere molto utile per capire come venivano installate e gestite. Probabilmente riporta le stesse indicazioni in uso durante la Grande Guerra.

Cap. I – Ferrovie a scartamento ridotto e portatili

1. - Generalità

Lo ferrovie a scartamento ridotto generalmente vengono impiegate per: improvvisare un servizio ferroviario temporaneo; allacciare centri ferroviari a grandi depositi, magazzini, ecc.; facilitare i trasporti per lavori urgenti di particolare importanza. (...) è necessario semplificare il trasbordo dei carichi: mediante piani caricatori (…) avvicinando ai binari parallelamente e sopraelevando quello a s. r. (...) fino a che i piani dei vagoni risultino allo stesso livello.

Il sistema di trazione normale è meccanico mediante locomotive. (…) per servizi limitati (...) trazione animale.

I principali vantaggi delle ferrovie a scartamento ridotto sono:

1°) Il potersi (...) sviluppare, (...) quasi per intero sulle strade (...);

2°) di richiedere modeste opere d'arte (...);

3°) di evitare, (...) curve eccessivamente ristrette e salite troppo ripide e la costruzione di ponti e riattamento di gallerie.

I vantaggi suddetti conducono quindi ad una. economia di mezzi e, (...), di tempo.

I tipi di ferrovia a s. r. possono suddividersi in due distinte categorie:

a) ferrovie a sezione ridotta (od economiche);

b) ferrovie portatili

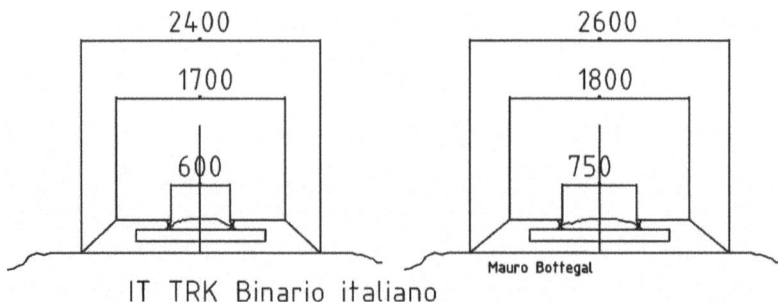

```
     2400                              2600
     1700                              1800
      600                               750

IT TRK Binario italiano         Mauro Bottegal
```

Illustrazione 11: Disegno della sede stradale su terreno piano per ferrovie con scartamento di 0,6 m e 0,75 m.

2. - Ferrovie a sezione ridotta od economiche

Scartamento m.	Raggio di curvatura minimo m.	Raggio di curvatura in casi eccezionali m.
1	60	40
0,95	55	35
0,75	45	30
0,60	35	25

Su curve di 50 metri, si possono trasportare materiali lunghi oltre 15 metri ricorrendo a 2 carri con piattaforma girevole.

Le pendenze dal 25 al 40 °/oo. Eccezionalmente (...) 55 °/oo (...).

Le curve strette ed in pendenza devono essere spezzate in più tratti raccordati da rettilinei capaci di almeno due vagoni se le curve sono in senso opposto. (...)

Lo spessore della massicciata su cui posano le traverse è di 10 a 15 centimetri.

Dimensioni delle rotaie Vignole.		
Lunghezza	Da 5 m.	A 12 m.
Peso	Da 7,3 Kg/m.	A 12 Kg/m.
Altezza	Da 0,08 m.	A 0,115 m.

Traverse in legno	Sezione m.	0,10 x 0,15 o 0,13 x 0,18	
Interasse delle traverse	Intermedie m.	0,7 - 0,9	
	Sulle giunzioni m.	0,8 – 0,5	
Per scartamento di m.	1,00	Lunghezza m.	1,80
	0,95		1,60

Traverse in legno	Sezione m.	0,10 x 0,15 o 0,13 x 0,18
	0,75	1,40
	0,60	1,30

(…) Nelle curve lo scartamento aumenta da 1 a 4 cm, con una sopraelevazione della rotaia esterna variabile da 60 a 120 mm. Tale sopraelevazione non serve soltanto per contrastare la forza centrifuga, (...) per favorire lo scorrimento verso la rotaia interna del bordino delle ruote.
I deviatoi sono analoghi a quelli delle ferrovie a scartamento normale (...).

		Caratteristiche medie dei veicoli.		
Scartamento m.	Larghezza carri m.	Peso in servizio della locomotiva t.	Capacità di traino fino 25-30 °/oo di pendenza t.	
1	2,1 – 2,5	25 - 35	90 - 130	
0,60	1,70 – 1,80	16	60	Su curve di almeno 25 m a 20 Km/h.

3. - Ferrovie portatili

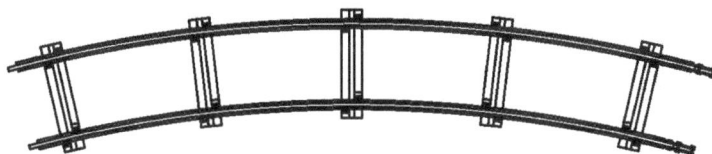

TRK IT Decauville 5m R10m

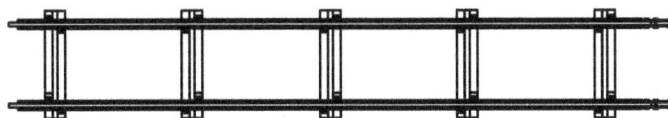

Illustrazione 12: Esempi di campate di binario decauville italiano: curva con raggio di 10 m e rettilineo di 5 m .

Hanno rotaie montate in campate complete di traversine. (…) scartamento da m. 0,40 a m. 0,75. Il peso della rotaia va da 5 a 15 Kg/m.
L'armamento delle ferrovie portatili deve corrispondere alle condizioni:

a) leggerezza (...) per il trasporto e la messa in opera più di 4 uomini.

b) buona adattabilità alle inuguaglianze del terreno e resistenza tale da sopportare i carichi anche per posa incompleta.

c) giunzioni facili, resistenti al transito dei carichi e con giochi sufficienti a permettere il tracciamento di curve, maggiore di quelle per le quali esistono già le campate apposite.

Alle ferrovie portatili appartengono i sistemi "Decauville" e "Legrand". (...). Differiscono fra loro soltanto per le qualità e dimensioni delle traverse e delle rotaie, i sistemi di giunzione, le lunghezze e i raggi delle campate montate.

I materiali mobili impiegati differiscono soltanto per lo scartamento delle ruote e per particolari di scarsa, importanza.

4. - Ferrovie sistema Decauville (scartamento da m. 0,60)

Caratteristiche: campate da 5 m e 6 m, rotaie da circa 10 Kg/m, peso della campata da 5 m è 175 Kg.

I raggi di m. 12 o m. 10 solo per trazione a cavalli o a mano. I raggi di 8 m e 4 m, solo per vagoni con interasse ridotto e ungendo la rotaia esterna.

La campata per i passaggi a livello (…) munita di tavole di quercia è lunghe 1,25 m e pesano 50 Kg circa.

Gli scambi si compongono di una campata detta degli aghi lunga m. 1,25 e 1,98 (Fig. 16) messa davanti a un incrociamento completo per raggio da 20 ad 8 metri. Gli aghi vengono manovrati da apposita leva.

Le piattaforme girevoli fisse sono a perno con crociera a rotelle e pesano 1500 Kg, quelle provvisorie hanno un peso di 100 Kg.

5. - Posa di un binario Decauville

Per mettere in opera un binario Decauville occorrono tre squadre:

Squadra	Forza	Compito	Attrezzi
1	Vari gruppi di 4 uomini	Mette in opera le campate. Per trasportare le campate gli uomini si collocano alle quattro estremità dalle rotaie e sostengono una campata come una barella.	
2	2 gruppi di 2 uomini	Steccatura. Se non passano locomotive, si fissano le stecche a una sola rotaia. Sull'altra basta introdurre la rotaia fra le stecche di quella che precede. Se si usano locomotive tutte le giunzione vanno inchiavardate.	Chiavi e cassette contenenti chiavarde.
3	8 o 10 uomini	Livella e assoda il binario. Il Capo Squadra livella, gli altri rincalzano ed assodano le traverse alle rotaie.	Badili, gravine, picconi, 2 palanchini, livella a bolla, 2 rigoni.

Cap. II - Costruzione del piano stradale

6. - Tracciato

Il tracciato segna sul terreno l'asse della linea ed i limiti della piattaforma stradale. Meglio evitare la sede propria, avvalendosi delle strade ordinarie, ma senza intralciare il trafitto, quindi è meglio seguire strade con poco traffico. Talvolta le strade dovranno essere occupate per usufruire di ponti o altre opere d'arte.

Scartamento m	Raggio minimo di curvatura, salvo casi eccezionali m	Tra 2 curve di senso contrario intercalare un rettilineo minimo di m
0,60	30	30
1	50	50

Preferibilmente dovranno essere impiegate curve per le quali siano già stato preparate apposite tabelle per il tracciamento, e si disponga del materiale.

7. - Pendenza

La pendenza massima nelle curve non deve di regola superare il 25 °/oo comprendendovi anche la resistenza dovuta alle curve.

Resistenza in curva per scartamento di 0,6 m	
Raggio della curva m	Pendenza equivalente °/oo
30	10
50	6
100	3

Per esempio una curva di 50 m di ha una pendenza massima di 25 - 6 =19°/oo. Nelle stazioni, i binari di transito non dovranno avere pendenze oltre il 5 % e curve con raggio inferiore ai 50 m, questi due limiti non devono coesistere.

Nelle gallerie non si dovrà adottare la pendenza massima ammessa, poiché l'umidità diminuisce l'aderenza e la trazione delle locomotive.

Tra le pendenze di senso contrario va messa una livelletta orizzontale di 60-100 m, quelle dello stesso senso devono essere raccordate con una serie di livellette, da 5 m a 20 m di ciascuna, con pendenze progressivamente varianti dal 5 al 10 °/oo. Le lunghe pendenze devono essere interrotte a distanza da 1000 a 1500 metri, da livellette pianeggianti di 80-100 metri.

Nelle linee a doppio binario la distanza fra gli assi dei binari è di m. 3,20. In terreno pianeggiante essi debbono essere messi allo stesso livello.

Appena eseguito il tracciato va installato il telefono per i cantieri e l'esercizio.

La larghezza della sede stradale, per una linea a semplice binario di scartamento m. 0,60 dovrà essere di m. 2,40 e per una linea a doppio binario di m. 5,80.
Nel fare il conto della mano d'opera necessaria si terrà presente che un uomo può scavare in un'ora circa mc. 0,400 di terra ordinaria.

Raggio grande   Raggio piccolo

Illustrazione 13: Piattaforma stradale in curva. Con raggio grande la sede stradale è piana e il binario è inclinato, con raggio ridotto la sede stradale è inclinata come il binario.

Nelle curve di grande raggio il profilo resta orizzontale, ottenendosi la sopraelevazione della rotaia esterna mediante la massicciata. Nelle curve di piccolo raggio la piattaforma va inclinata verso il centro secondo la velocità e il raggio della curva.
Nelle linee a doppio binario l'inclinazione della piattaforma stradale può essere eseguita soltanto per un binario. Per l'altro la sopraelevazione della rotaia esterna è ottenuta mediante un conveniente aumento dello strato di massicciata.

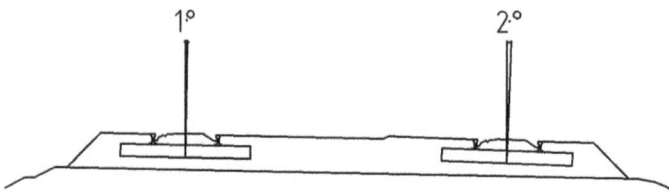

Illustrazione 14: Piattaforma stradale di ferrovia a doppio binario in curva, la sede stradale è inclinata uniformemente verso il centro della curva e si nota la diversa inclinazione dei due binari: quello a destra parallelo alla sede stradale e quello a sinistra, interno alla curva, inclinato relativamente alla stessa.

8. - Inghiaiamento
Servono 1,6 m3 di ghiaia per metro di linea a un binario per avere uno spessore di circa 10 cm.
Sono adatti pietrisco, ghiaia di fiume e di cava, rottami di mattone e scorie di altiforni. (...) La massicciata può essere omessa ad esempio su strade ordinarie a fondo artificiale.

34

Per trasporti urgenti, di soli materiali, e con velocità limitate la massicciata può essere omessa per quasi tutta l'intera sede stradale, posando l'armamento direttamente sulla piattaforma.

9. - Prosciugamento della strada
Per drenare l'acqua dalla sede:

1° In rettilineo e curva larga: forma a uno o due spioventi, con pendenza di 1,6-1,8. In curva stretta, uno spiovente verso l'interno della curva.

2° Se in sede in trincea, raccogliere le acque in cunette e fossi riempiti con grossi ciottoli, con la funzione di pozzi di assorbimento, o convogliarle in fossi per portarla fuori della trincea. Se il percorso è in pendenza bastano le cunette.

3" In rilevato, impedire che le acque si raccolgano ed erodano il piede delle scarpe laterali, rivestendo le stesse con graticci, fascine pietrame, ecc.

Tutte le piccole opere d'arte per lo scolo delle acque debbono, per quanto possibile, essere costruite con tubi di cemento.

I fossi o cunette hanno una profondità variabile da 0,20 m a 0,50 m. L'inclinazione, non deve mai essere inferiore al 2°/oo. Possono essere omessi se si prevede che il piano stradale non verrà danneggiato dalle acque piovane.

10. - Opere d'arte
I ponticelli provvisori fino a 4 metri di luce converrà impiegare travi di ferro a doppio T (...). (…)oppure ricorrere a legname (...). Per ponti più lunghi di 15 metri, possono essere impiegati ponti metallici scomponibili.

Può convenire impiantare provvisoriamente un solo binario, anche su linea a doppio binario, effettuando il servizio di transito con pilotaggio.

Cap. III - Descrizione del materiale di armamento

11. - Generalità

	Componenti dell'armamento	
guide o rotaie;		
sostegni o traverse;		
parti di giunzione	fra guide e Sostegni (Chiodature).	
	fra guide di campate successive (Steccature)	

12. - Guide o rotaie
La forma della sezione è tipo "Vignole", nella quale si distingue:
(...)
La lunghezza delle rotaie (...) è in genere di metri 5 (...).

I modelli a seconda delle dimensioni e del peso si prestano ai tre tipi di trazione: 1-a mano ed animale; 2- animale e con locomotive leggere; 3- con locomotive leggere o pesanti.

13.- Sostegni o traverse
Sono di legno, generalmente per lo scartamento ridotto, o in ferro, per le ferrovie portatili
Le rotaie appoggiano in piano negli scartamenti di 0,75 m e 0,60 m. Negli scartamenti maggiori, con inclinazione di 1/20 verso l'interno (...).

Caratteristiche delle rotaie per ferrovie portatili							
Peso al m	Dimensioni			Portata approssimativa in Kg. del binario per distanza fra le traverse di			
	Altezza	Larghezza suola	Larghezza fungo				
Kg.	mm.	mm.	mm.	mm. 1100	mm. 1000	mm. 900	mm. 800
Per trazione animale							
4,500	50	44	20	1500	1600	1800	2300
5,250	50	44	20	1800	1900	2200	2700
5,250	60	44	23	2200	2400	2700	3000

Caratteristiche delle rotaie per ferrovie portatili							
Peso al m	Dimensioni			Portata approssimativa in Kg. del binario per distanza fra le traverse di			
	Altezza	Larghezza suola	Larghezza fungo				
Kg.	mm.	mm.	mm.	mm. 1100	mm. 1000	mm. 900	mm. 800
Per trazione animale o con locomotive leggere							
6,000	62	44	22	2600	2800	3200	3500
7,000	65	50	25	3000	3200	3600	4600
8,000	65	52	27	3400	3600	4100	5200

Caratteristiche delle rotaie per ferrovie portatili

Peso al m	Dimensioni			Portata approssimativa in Kg. del binario per distanza fra le traverse di			
	Altezza	Larghezza suola	Larghezza fungo				
Kg.	mm.	mm.	mm.	mm. 1100	mm. 1000	mm. 900	mm. 800
Per trazione locomotive leggere o pesanti							
9,000	70	55	30	4100	4500	5000	5600
10,000	70	58	32	4400	4800	5400	6000
12000	80	65	35	6400	7000	7800	8000
14,000	85	72	40	7000	7700	8500	9500
15,000	88	65	40	8000	8800	9700	11000

NOTA. - Tutti i prodotti sono del tipo "Vignole". Le portate si riferiscono a rotaie di acciaio con K = 10 Kg. mm2.

14.- Parti di giunzione (chiodatura)

Con le traverse di legno si usano arpioni o caviglie a vite con o senza piastra di fondo. Gli arpioni (...) dritti o pochissimo inclinati verso l'asse della rotaia. Le caviglie (...) avvitandole, previa foratura, con una certa inclinazione verso l'asse della rotaia.

Con le traverse in metallo si usano bulloni ribattuti oppure bulloni a vite. (...). In generale la chiodatura è effettuata con due chiodi anziché con quattro.

15.- Parti di giunzione (steccature)

Le giunzioni fra le rotaie si dicono sospese quando le teste delle rotaie risultano fra due traverse. Appoggiate, quando invece risultano sulla mezzeria di una traversa.

Nelle ferrovie a scartamento ridotto si trovano indifferentemente i due tipi di giunzione.

La giunzione fra le rotaie è effettuata a mezzo di stecche metalliche e bulloni a vite.

Le stecche abbracciano lateralmente le due rotaie contigue e vengono serrate fortemente alla rotaia con bulloni.

Cap. IV – Norme per lo stendimento e ritiro del materiale d'armamento

16.- Generalità

Prima si elabora un progetto di massima, quindi si avviano i lavori di posa iniziando contemporaneamente in vari tratti. Per ogni tratto sarà costituito un cantiere di lavoro dove fare affluire i materiali.

17.- Compito assegnato a ciascuna squadra

N°	Squadra	Compiti	Forza	Strumenti
1	Tracciatori	misura angoli e pendenze, mette i picchetti, fa il computo delle campate curve occorrenti comprese quelle a scartamento variabile in ogni punto di tangenza.	1 ufficiale 2 sottufficiali 2 caporali 6 genieri	squadra graduata livello a cannocchiale 2 doppi metri 1 rotella metrica 10 paline 100 picchetti
2	Spianatori	prepara il piano di posa e provvede alla costruzione dei ponticelli, delle rampe di raccordo, ecc.	subordinata all'entità del lavoro data dalle circostanze	1 livello 2 doppi metri badili e carriole
3	Portatori	trasporta le campate. Ciascun gruppo prende una campata coi carrelli e la posa nel suo posto esatto, verificando con le squadro d'armamento.	1 sergente 2 o più gruppi di 1 caporale e 8 genieri	1 squadro di armamento 2 cassette con stecche e chiavarde
4	Steccatori	ogni gruppo sistema le stecche ad una campata alternativamente.	1 sergente 2 gruppi di 1 caporale e 3 genieri	Ogni gruppo: 2 chiavi per dadi
5	Rincalzatori	rincalza le traverse e sistema la massicciata. La forza della squadra può anche essere aumentata.	1 caporale 8 genieri	4 badili 4 gravine
6	Verifica	rettifica la linea verificando l'allineamento delle rotaie e la continuità della curvatura. Raccoglie i materiali ed attrezzi rimasti lungo la linea.	1 ufficiale 1 sergente 1 caporale 8 genieri	1 badile 1 gravina 2 leve 2 chiavi per dadi 2 sagome di scartamento 1 squadro di armamento

(Riassunto della) Tabella per la posa delle curve con elementi prefabbricati a seconda del raggio di curvatura e dell'angolo della curva.

Angoli delle tangenti	Raggio m	N° di elementi	Lungh. delle tang.	Angoli delle tangenti	Raggio m	N° di elementi	Lungh. delle tang.
177° 8'	100	2	2,51	151° 20'	30	6	7,63
177° 8'	50	1	1,25	151° 20'	20	4	5,10
174° 16'	50	2	2,51	137° 2'	30	9	11,79
170° 27'	15	1	1. 25	129° 53'	20	7	9,34
160° 54	30	4	5,04	108° 24'	20	10	14,44
156° 8'	30	5	6,33	94° 10'	20	12	18,60

18.- Ritiro del materiale

N° delle squadre		Forza occorrente	Strumenti	Avvertenze
1°	Toglie e ritira stecche e chiodatura. Ogni gruppo lavora a campate alternate.	2 caporali 8 genieri in due gruppi	4 chiavi 4 cassette	Il n° dei gruppi della 2° sq. dipende dalla distanza da percorrere per portare le campate, in modo che il lavoro riesca continuo. I due gruppi della 1° sq., tolte le stecche, devono accoppiarle assicurando nei fori le chiavarde.
2°	Toglie le campate e le carica mi vagonetti. I 4 soldati colle manovelle ferrate e colle gravine le smuovono, i gruppi le portano ai vagonetti.	1 sergente 4 genieri 2 gruppi di un caporale e 8 genieri	2 gravine 2 manovelle	
3°	Segue le altre ed i genieri ritirano ciò che verrà dimenticato.	4 genieri	4 cassette	

3.1.2. Regolamento di esercizio.

Di seguito riporto il regolamento di esercizio delle linee decauville militari, utile per capire il modo in cui erano gestite queste ferrovie.

30 Giugno 1916

NORME DI ESERCIZIO

I - Segnali
Art. 1 - Obbedienza passiva ai segnali
E' stretto dovere (...) prestare continua attenzione ai segnali, passiva ed immediata obbedienza a quelli di fermata e di rallentamento.
Art. 2 - Via libera. L'assenza di segnali significa che la strada è libera.
Art. 3 – Rallentamento. (...) si presenta al medesimo una bandiera verde spiegata. Mancando la bandiera verde si fa il segnale di arresto. (...) impone la riduzione di velocità a passo d'uomo.
Art. 4 – Arresto. (...) si presenta al treno una bandiera rossa spiegata. In mancanza (...) ogni oggetto, ed anche le sole braccia, agitate violentemente dall'alto al basso, impongono l'immediato arresto.
Art. 5 - Segnali abbandonati
(...) si dovrà arrestare il treno; indi (…) si proseguirà alla velocità del passo d'uomo per circa 150 metri, dopo di che si porta riprendere la corsa regolare.
Art. 6 - Ingombro od interruzione della linea
Chi ingombra od interrompe la linea, o la trova ingombra od interrotta, deve esporre il segnale di arresto da ambo le parti (...)

Art. 7 - Posizione e distanza dei segnali

Se il punto, (...) il rallentamento o la fermata, è stato notificato al personale del treno, basta che i rispettivi segnali siano collocati nel punto stesso; altrimenti dovranno essere collocati alla distanza di m. 100 da lui.

Art. 8 - Segnale di partenza

Giunta l'ora di partenza, il Capotreno, (...) dà l'ordine di partenza, emettendo un unico suono col fischietto per i treni che camminano nel senso dei dispari e due suoni ben distinti per i treni che camminano nel senso dei pari.

Art. 9 - Segnali del macchinista

Un fischio prolungato moderatamente ma senza modulazioni viene dato:

- Prima di muovere il treno per partire.

- Quando non si abbia la visuale libera per uno spazio sufficiente per ottenere la fermata.

- Quando si attraversino abitati, o si passi dinanzi a case con accessi al fianco del binario

Un fischio prolungato e ripetuto quante volte occorra viene dato quando si tratti di avvisare i viandanti (...)

Tre fischi brevi e vibrati (...) per ordinare la chiusura dei freni.

Un breve fischio (...) sulle forti discese per ordinare il parziale allentamento dei freni.

Un fischio lungo seguito da altro breve (...) per ordinare il completo allentamento dei freni.

Art. 10 - Guasti al fischio delle locomotive

(...) il macchinista dovrà subito fermare, farsi dare il fischietto dal Capotreno, e proseguire (...) sino alla prossima stazione munita di locomotiva di riserva, facendo uso del fischietto stesso in luogo di quello della locomotiva.

Art. 11 - Segnali per le manovre con locomotiva

I movimenti vengono comandati a voce e coi seguenti appositi segnali:

Un movimento in avanti, e cioè nel senso normale della marcia della locomotiva, agitando orizzontalmente l'involto delle bandiere;

Un movimento indietro, e cioè nel senso contrario al precedente, coll'agitare orizzontalmente la bandiera verde;

La fermata con l'agitare dall'alto in basso la bandiera rossa.

Prima di eseguire qualsiasi movimento il macchinista deve darne il preavviso con un breve fischio della locomotiva.

Art. 12 - Temporanea soppressione dei segnali col fischio delle locomotive

Per qualche tratto ed in speciali condizioni, può essere temporaneamente prescritto dalla Direzione dell'Esercizio di astenersi dall'uso dei fischi della locomotiva. (...)

Art. 13 - Segnali notturni

(...) prima del sorgere del sole, o dopo il tramonto, i segnali dovranno esser fatti, (...) con fanali aventi le corrispondenti colorazioni di luce; i treni (...) luce bianca in testa e rossa in coda; le locomotive di manovra luce bianca anteriormente e posteriormente; e le locomotive senza treno sui binari di stazione luce bianca anteriormente e rossa posteriormente.

II. - Circolazione Treni
Art. 14 - Prescrizioni preliminari
(...) Dirigenti Centrali (sono) gli agenti abilitati al servizio del movimento, che hanno la sede in stazioni di cui sono a capo, ed hanno altresì l'incarico di dirigere e regolare il servizio su di un determinato gruppo di linee. A capo di altre stazioni possono essere messi agenti abilitati al servizio del movimento, denominati Dirigenti. Essi hanno soltanto l'incarico di regolare il servizio nella propria stazione, attenendosi alle disposizioni del Dirigente Centrale, e di sostituire i Capitreno in tutti gli incarichi loro attribuiti dalle presenti norme. Le restanti stazioni ed i raddoppi sono affidati ad agenti indicati sotto la denominazione di Gerenti che provvedono alla parte amministrativa, hanno il compito di trasmettere, via telefono, gli ordini e le comunicazioni del Dirigente Centrale ai Capitreno, e vice versa. Analogo compito (…) Guardabivio.

Sotto la denominazione di personale di scorta ai treni si comprende il personale del movimento e quello di macchina.

Durante le soste nelle stazioni, rette da Dirigente Centrale o da Dirigente, tutto il personale di scorta, (...) dipende dal Dirigente stesso. Nelle località rette da Gerenti, e durante la corsa; anche il personale di macchina, per quanto riflette il servizio di movimento, (...), dipende dal Capotreno.

Art. 15 - Partecipazione delle prescrizioni di movimento
Gli avvisi, e le prescrizioni, (...) devono essere dati dai Dirigenti Centrali ai Capitreno a mezzo di annotazione scritta sulla cedola-orario, od a mezzo del telefono nei modi indicati in seguito. Il Macchinista dovrà controfirmare la prescrizione, o sulla cedola-orario, o sulla copia dei fonogrammi da allegarsi dal Capo treno alla cedola stessa.

Art. 16 - Orari di servizio
Gli orari di servizio, (…) devono indicare: le distanze chilometriche; le località di servizio, mettendo in evidenza la stazione sede del Dirigente Centrale, da cui dipende la linea, le stazioni con locomotiva di riserva, le stazioni, raddoppi e bivi eventualmente sprovvisti di telefono, e specificando i tratti comuni a più linee; la velocità, il numero e la specie dei treni; le ore di arrivo, partenza o passaggio da ciascuna stazione, raddoppio o punto singolare della linea; gli incroci, le precedenze; e le norme di servizio particolari della linea. I treni sono contraddistinti da un numero, che e dispari (...) in un senso, e pari (…) in senso opposto. I treni sono: ordinari, se si effettuano tutti i giorni o periodicamente; e straordinari, se si effettuano solo quando se ne presenti il bisogno. Gli straordinari si dividono in: facoltativi, il cui orario è compreso in quello di servizio; speciali, il cui orario viene, di volta in volta, diramato dai Riparti dell'Esercizio o dal Dirigente Centrale, anche

telefonicamente; ad orario libero, la cui circolazione viene regolata, da stazione a stazione, dal Dirigente Centrale.

Sull'orario devono essere segnati gli incroci e le precedenze che i treni effettuano durante la fermata nelle stazioni o nei raddoppi. Ove si tratti di stazioni in cui un treno incomincia o termina la corsa, l'indicazione, viene limitata agli incroci ed alle precedenze che avvengono nell'intervallo di 60'.

L'indicazione dell'incrocio si deve inoltre estendere, entro tale intervallo, alle stazioni di diramazione per il treno di una linea rispetto a quelli dell'altra - percorrenti tutto il tratto - considerandole quali stazioni di origine o termine di corsa di detto treno, secondo che questo si avvii sul tratto comune, o ne provenga.

Se per l'effettuazione di uno speciale si dovesse modificare l'orario di altri treni, od anche sopprimerli in tutto od in parte, se ne dovrà, fare annotazione sull'orario dello speciale stesso.

Art. 17 - Giunto telefonico

La circolazione dei treni, oltreché dall'orario, sarà regolata col regime del giunto telefonico. Il giunto telefonico avvisa che il treno, transitato o partito da una località, è arrivato o transitato, completo, alla successiva.

Il giunto deve essere trasmesso dal Capotreno, appena arrivato in una stazione, raddoppio o bivio, al Dirigente Centrale, ed al Dirigente, Gerente o Guardabivio della stazione, raddoppio o bivio precedente.

Art. 18 - Comunicazioni telefoniche

I dispacci telefonici relativi a prescrizioni di movimento devono essere ripetuti per intero dal ricevente, il quale deve inoltre dare lo "sta bene", senza di che la comunicazione telefonica, non ha alcun valore.

Devono inoltre essere trascritti in inchiostro o lapis copiativo, per ordine cronologico, e con l'indicazione dell'ora di trasmissione, su apposito protocollo, tanto da chi li trasmette, come da chi li riceve, e dagli stessi firmati. I Capitreno dovranno far seguire la firma dal numero del loro treno.

Salvo le trasmissioni dirette fra Dirigente Centrale e Capitreno, le comunicazioni telefoniche devono avvenire fra il Dirigente Centrale ed i singoli Dirigenti o Gerenti, Questi, per i fonogrammi indirizzati ai Capitreno e per quelli indirizzati ad altri agenti, devono sempre consegnare al destinatario copia, ritirandone la firma a fianco del fonogramma medesimo.

I fonogrammi di movimento, se ricevuti direttamente dal Capotreno, dovranno dallo stesso essere trascritti sulla' cedola-orario di quelli ricevuti dal Dirigente o Gerente il Capotreno dovrà allegare la copia alla cedola' stessa.

Gli ordini di incrocio, di precedenza e simili, dati dal Dirigente Centrale al Capotreno, i quali richiedono conferma, e le dirette conferme relative debbono essere udite per controllo da un Dirigente o Gerente, che sarà quello della stazione stessa in cui si trova il Capotreno, se questi corrisponde direttamente col Dirigente Centrale, ovvero quello di un'altra stazione, se la corrispondenza avviene fra un

Gerente ed il Dirigente Centrale. Il Dirigente o Gerente, richiesto del controllo, deve trascrivere sul proprio protocollo il fonogramma udito, registrandone il numero, che ripeterà al Dirigente Centrale ed al Capotreno, od al Dirigente o Gerente che chiede il controllo.

Per i fonogrammi di " giunto " non occorre il controllo; basta che il Dirigente o Gerente presenzi la comunicazione e controfirmi il fonogramma sul protocollo.

Per le comunicazioni telefoniche si useranno le formule stabilite ed allegate alle presenti norme.

I fonogrammi del Dirigente Centrale, relativi ad ordini riguardanti la marcia del treno (spostamenti di incrocio, di precedenze, rallentamenti, ecc.) devono essere fatti firmare dal macchinista sulla cedola-orario, o sulla copia da allegarsi alla cedola- orario.

Art. 19 - Guasti al telefono

Una località, esclusa dal servizio telefonico, deve essere considerata (…) come un posto di guardia in piena linea. (...) si osservano incroci e precedenze in orario. Se il guasto avvenisse, dopo licenziato un treno, di cui non si fosse ancora potuto avere il giunto, il Capotreno non partirà se non dopo trascorso dalla ora di partenza del treno precedente, (...) un tempo eguale alla percorrenza di orario del treno stesso aumentata di 15'.

Art. 20 - Manovre nelle stazioni

La manovra è controllata da Dirigenti Centrali o da Dirigenti; nelle altre (...), dai Capitreno.

Se con la manovra si impegnasse il deviatoio estremo dal lato di arrivo di un altro treno, e fosse già l'ora in cui questo (...) dovrebbe partire (...), il Capotreno, (...), dovrà richiedere il nulla osta al Dirigente Centrale, e ultimata dovrà informarlo.

Art. 21 - Effettuazione di treni straordinari

L'effettuazione di treni straordinari viene stabilita dal Dirigente Centrale (...). Egli dovrà dare l'annuncio (...) al Riparto dell'Esercizio, alle stazioni, raddoppi e bivi della linea percorsa dal treno ed ai Capitreno dei treni che con lo straordinario hanno incrocio o precedenza. Questi debbono confermare (...).

Mancando la conferma (...) non può essere messo in circolazione

Art. 22 - Soppressione di treni

L'ordine di soppressione viene dato dal Dirigente Centrale al Capotreno del treno da sopprimere, il quale chiede conferma, il Dirigente Centrale ne informa i Capitreno dei treni interessati, i quali dovranno confermare, le stazioni, raddoppi e bivi della linea, che avrebbe dovuto essere percorsa dal treno, ed il Riparto dell'Esercizio.

Art. 23 - Norme generali per la partenza, percorso ed arrivo dei treni

Ogni Dirigente, Gerente e Guardabivio deve partecipare (…) al Dirigente Centrale l'ora di partenza di ciascun treno e segnalargli gli eventuali ritardi prevedibili.

La velocità dei treni e quella risultante dall'orario di servizio e non può essere aumentata (...); dovrà essere ridotta a 6 Km/h nel passaggio attraverso gli abitati.

I treni dovranno fermare prima di raggiungere i bivi, gli attraversamenti di ferrovie e tranvie, gli scambi d'ingresso delle stazioni e raddoppi proseguiranno a passo d'uomo sino al successivo punto di di fermata solo dopo che il Capotreno (...) abbia dato il segnale di partenza.

Nel caso di arrivo contemporaneo all'incrocio, dovrà ricoverarsi per primo il treno pari, ed il treno dispari non potrà avanzare sino a che non sia ritirato il segnale di arresto (...). Nel caso di precedenza, il Capotreno del treno che arriva per primo deve provvedere al ricovero del proprio treno, facendolo avanzare oltre il deviatoio d'uscita e poscia retrocedere sul binario di destra.

I deviatoi estremi delle stazioni e raddoppi retti da Dirigenti o Gerenti devono essere disposti per l'ingresso nel rispettivo binario di sinistra.

Se un treno in una stazione di incrocio, occupi (...) lo scambio d'uscita rispetto all'incrociante, il Capotreno dovrà esporre il segnale d'arresto in vista del treno incrociante stesso. (...) anche per il caso delle precedenze.

Il Capotreno, giunto in una località provvista di telefono, dovrà prendere visione del protocollo telefonico per rilevare tutte le notizie che possano interessare la marcia del suo treno.

Nelle stazioni, o raddoppi, con binari in pendenza superiore al 3°/oo, le quali saranno indicate con apposito segno convenzionale sull'orario di servizio, il Capotreno, ed eventualmente i Frenatori, dovranno chiudere il freno del veicolo occupato, appena fermo il treno, e non dovranno riaprirlo che all'atto della partenza.

Art. 24 - Segnali non preavvisati

Al presentarsi di un segnale di arresto non preavvisato, il macchinista deve (...) fermare il treno, possibilmente prima di raggiungere il segnale.

Al presentarsi di un segnale di rallentamento non preavvisato, il macchinista deve regolare la velocità del treno, qualunque sia la distanza dal punto di rallentamento medesimo.

Art. 25 - Protezione dei treni fermi in linea

Un treno che si fermi lungo la linea (...) dovrà essere protetto dalla parte della coda con segnale di arresto alla distanza di m 100(...).

La protezione dalla parte anteriore, alla stessa distanza, (...) quando si preveda una fermata superiore ai 20'.

Art. 26 - Dimezzamento treni

Sorgendo la necessità (...) in piena linea (...) dopo aver assicurato l'arresto della seconda parte e provveduto alla sua protezione, si porterà colla prima parte alla prossima stazione o raddoppio, esponendo il segnale di arresto, sia passando dinanzi ai posti di bivio, sia all'arrivo in stazione, verso il treno che eventualmente fosse in partenza. Giunto in stazione, informerà telefonicamente la stazione o raddoppio precedente ed il Dirigente Centrale, ed attenderà gli ordini da quest'ultimo.

Se (...) avviene per rottura degli organi di attacco, il personale rimasto sulla seconda parte deve adoperarsi per conseguire l'immediato arresto. La prima parte invece deve proseguire fino a che non abbia l'assoluta certezza che la seconda parte sia ferma, e retrocedere poi con grande precauzione per ricongiungersi e proseguire. Capotreno, appena giunto nella successiva località provvista di telefono, dovrà informare dell'accaduto il Dirigente Centrale.

Art. 27 - Divieto di discesa per forza di gravità

E' assolutamente vietato di far discendere per forza di gravità (...) valendosi della sola manovra dei freni.

Art. 28 - Retrocessione dei treni

E' assolutamente vietato di far retrocedere i treni lungo la linea, o fino alla stazione o raddoppio precedente. (...) è ammessa solo nel caso di imminente pericolo, e deve essere protetta coi segnali a mano a 200 m dalla parte anteriore nel senso della marcia, ed a 100 m. dalla parte posteriore. Il Capotreno, giunto alla precedente stazione, raddoppio o bivio, dovrà subito informare telefonicamente il Dirigente Centrale, attendendone ordini.

Art. 29 - Domanda di soccorso

La domanda di soccorso va fatta al Dirigente Centrale. (...) si presenta ad un treno fermo in linea, il Capotreno, dopo protetto il convoglio, deve portarsi (...) alla più vicina stazione, raddoppio o bivio per avvisare il Dirigente Centrale (…) e alla stazione, raddoppio o bivio dal lato opposto (...) avviso di ingombro.

Se la locomotiva può proseguire, il Capotreno può valersene per portarsi alla stazione, raddoppio o bivio successivo.

Fatta la domanda di locomotiva di soccorso, il Capotreno non deve abbandonare la stazione o raddoppio, finché non sia giunta la riserva, che egli stesso deve accompagnare al treno, a meno che non abbia notizia che sia stata inviata dalla parte opposta, nel qual caso deve far pronto ritorno al treno a piedi.

Fatta la domanda del soccorso un treno, (...) non deve proseguire senza l'ordine del Dirigente Centrale. Il Dirigente Centrale, ricevuta la domanda del soccorso, provvederà all'invio nel modo che riterrà più opportuno, comunicando ai treni interessati l'orario della locomotiva di soccorso, fissando gli incroci e le precedenze, dopo aver ottenute le conferme prescritte.

Art. 30 - Locomotive senza scorta

L'invio ed il ritorno delle locomotive isolate può esser fatto (...) anche senza la scorta di un agente del movimento. (...) il macchinista assume le funzioni di Capotreno.

Art. 31 - Prospetto grafico della corsa dei treni

Il Dirigente Centrale, man mano che gli vengono telefonate le ore d'arrivo e di partenza dei treni, deve riportarle sul prospetto grafico giornaliero per rappresentare l'andamento di ciascun treno dall'inizio al termine della corsa. Quando il servizio di Dirigente Centrale sia fatto da più Dirigenti con orario alternato, il Dirigente cessante, oltre che del prospetto grafico, deve dare regolare consegna al subentrante, su apposito registro, di tutte le notizie attinenti al servizio dei treni.

Art. 32 - Spostamento delle precedenze e degli incroci

Salvo ordine del Dirigente Centrale (...) le precedenze e gli incroci (...) non possono essere spostati. In caso di ritardo del treno che dovrebbe prendere la precedenza su di un altro, il Dirigente Centrale potrà ordinare a quest'ultimo di proseguire sino alla località successiva atta alle precedenze, avvisandone l'altro treno. In caso di ritardo del primo treno potrà disporre che la precedenza avvenga in una località antecedente a quella in cui era stabilita, ordinando al detto treno di attendere (...) ed avvisandone l'altro. Per gli spostamenti d'incrocio il Dirigente Centrale ordinerà al treno in ritardo di attendere l'incrociante nella nuova località d'incrocio, ed ordinerà all'altro treno di avanzare sino alla stazione stessa. Gli ordini relativi agli spostamenti di precedenza o di incrocio devono essere telefonati dal Dirigente Centrale direttamente ai Capitreno dei treni interessati, e da questi confermati pure direttamente, se possibile, da una stazione di fermata antecedente a quella di precedenza o di incrocio normale. E' però ammesso, per evitare ritardi, di telefonare l'ordine riguardante il treno da trattenere direttamente al Gerente nel qual caso questi confermerà, e comunicherà, l'ordine scritto di incrocio e di precedenza al Capotreno appena giunge in stazione.

Art. 33 - Irregolarità

E' obbligo di ogni macchinista di informare il Capotreno, alla prima fermata, di tutte le irregolarità od anormalità (...). E' obbligo del Capotreno di riferire tutte le irregolarità od anormalità avvenute durante la marcia al Dirigente Centrale, il quale dovrà riferirne al Riparto dell'Esercizio.

Art. 34 - Norme per i casi imprevisti

Nei casi imprevisti ogni agente, ha l'obbligo di provvedere con senno e ponderatezza e, possibilmente per analogia ai casi previsti.

III. - Composizione treni

Art. 35 - Disposizione della locomotiva

La locomotiva deve essere situata in testa al treno, ed orientata col camino avanti; si fa eccezione per i treni materiali, per (...) treni o di guasti alle piattaforme e per quei tratti e treni per i quali venisse dalla Direzione dell'Esercizio accordata speciale autorizzazione, che dovrà figurare sull'orario di servizio.

La circolazione dei treni spinti da una locomotiva, senza locomotiva in testa, è ammessa soltanto per il soccorso, per i treni materiali e per quei tratti e treni per i quali (...) sia accordata autorizzazione, che dovrà figurare sull'orario di servizio.

Art. 36 - Doppio attacco

Per il rimorchio dei treni non devesi di regola impiegare che una sola locomotiva.

E' tuttavia però sempre ammesso il doppio attacco, (...), per determinate linee o tratti di linea, con apposita annotazione sull'orario di servizio.

Art. 37 - Multiplo attacco

Non è ammesso di collocare più di due locomotive (...), se non per quei tratti di linea e per quei treni, per i quali sia esplicitamente indicato sull'orario di servizio.

(…) le locomotive situate dopo le prime due dovranno lavorare solo al rimorchio di se stesse.

Art. 38 - Rinforzo in coda

Nell'orario di servizio, in corrispondenza di ciascuna linea, sono esplicitamente indicati i tratti di linea ed i treni, per i quali è ammesso il collocamento in coda della locomotiva di rinforzo, e sono pure indicate le norme speciali, alle quali sui singoli tratti il servizio di spinta deve essere subordinato, in relazione alle condizioni locali.

Per i tratti di linea e per i treni, per i quali non esista tale, esplicita annotazione, il rinforzo in coda non è ammesso; si potrà fare eccezione, (...) solo in caso di soccorso ai treni, di gravi inconvenienti, o di interruzione di linea.

Art. 39 - Spinta per avviamento

All'infuori dei casi concernenti il servizio sui piani inclinati, ai quali si riferiscono le norme sopra esposte, è permesso, (...) di aggiungere una locomotiva di rinforzo in coda, quando si tratti di aiutare l'avviamento in partenza (...) e solo per un breve tratto.

Art. 40 - Prestazioni delle locomotive

Denominasi prestazione di una locomotiva il carico che essa può rimorchiare sopra un dato tratto di linea e con un determinato treno. Sull'orario di servizio, per ciascuna linea, verrà indicata la prestazione dei diversi gruppi di locomotive che vi prestano servizio. Nel caso di trazione multipla (in testa ed in coda) la prestazione si determina, facendo la somma dei carichi assegnati alle singole, locomotive e riducendola di 1/10.

Art. 41 - Eccedenza di carico

In condizioni favorevoli di trazione, e ammessa un'eccedenza di carico fino ad 1/5 della prestazione.

Art. 42 - Presenza sulla locomotiva

Le locomotive in servizio ai treni devono essere guidate da un macchinista con la scorta di un agente, funzionante da fuochista, che e alla sua diretta dipendenza.

Il macchinista, oltre l'obbligo di condurre la propria locomotiva, ha anche quello di visitare i veicoli in composizione al proprio treno.

Le locomotive di manovra possono essere guidate dal solo macchinista.

Sui binari del deposito le locomotive possono essere guidate da agenti riconosciuti idonei dal Capo deposito.

Il passaggio delle locomotive dai binari del deposito a quelli di stazione, o viceversa, deve essere ordinato dal Manovratore o dal Capotreno.

Art. 43 - Stazionamenti

(...) ogni locomotiva accesa o ferma (...), deve avere il regolatore chiuso, la leva o vite di inversione nella posizione centrale, il freno chiuso ed i rubinetti di scarico dei cilindri aperti. Se (...) entro il recinto del deposito, il macchinista ed il fuochista possono allontanarsi anche contemporaneamente; se trovasi (...) fuori del recinto del deposito, il macchinista ed il fuochista possono allontanarsi, previa autorizzazione del Dirigente o del Capotreno, ma non contemporaneamente.

Art. 44 - Treni rimorchiati da più locomotive

Quando un treno viene rimorchiato da due o più locomotive, è sempre il macchinista di testa che regola la corsa e dà i fischi regolamentari. (...) resta stabilito:

a) Un breve fischio (...) per ordinare agli altri macchinisti di chiudere il regolatore.

b) Coi treni rinforzati in coda, il macchinista di testa, ricevuto l'ordine di partenza (...), dà il segnale col fischio; a questo segnale, il macchinista di coda spinge leggermente i veicoli e dà a sua volta un fischio prolungato; soltanto dopo questo segnale il macchinista di testa mette in moto la propria locomotiva.

Art. 45 - Massima composizione dei treni

Per ciascun tratto di linea verrà indicata nell'orario di servizio la massima composizione dei treni, (...).

Art. 46 - Frenatura

Il veicolo sul quale sta il Capotreno, dovrà essere ubicato in coda; come penultimo veicolo dovrà essere messo un veicolo carico con freno, rivolto verso la coda, in modo che, il Capotreno, possa manovrare anche tale freno oltre quello del proprio veicolo. Quando (...) debba essere coperto qualche freno in più, oltre quello del Capotreno, sarà fatta esplicita annotazione sul foglio orario. Su alcune discese può essere ammesso (...) di non far servire da appositi agenti i freni occorrenti in più, oltre quello del Capotreno; in tal caso questi farà fermare il treno prima della discesa per serrare i freni occorrenti non presenziati e lo farà poi proseguire sino al punto in cui converrà fermare di nuovo per riaprirli.

Sul foglio orario dovranno essere riportate (...) tutte le altre norme speciali relative alla frenatura per ciascun tratto di linea.

Art. 47 - Documenti di scorta ai treni

Il Capotreno (...) compilazione della cedola-orario, sulla quale sarà indicato: il numero, il percorso e la data del treno; il numero delle locomotive e il nome del personale di servizio, la quantità e il numero di servizio dei veicoli io composizione; le ore di arrivo, partenza e transito dalle singole stazioni, raddoppi e bivi secondo l'orario e le ore effettive. In apposita colonna saranno riportate le prescrizioni relative alla marcia del treno, o sarà indicato il numero di protocollo dei fonogrammi di movimento da allegarsi alla cedola-orario secondo le norme regolamentari. Le cedole-orario dovranno essere poi consegnate al Dirigente Centrale della giurisdizione, e da questo inviate al Riparto dell'Esercizio. Oltre la cedola-orario, al Capotreno dovranno essere consegnati dalla stazione di origine i fogli di spedizione dei singoli veicoli. Il Capotreno controfirmerà la parte del foglio che rimane alla stazione di origine, consegnerà alla stazione destinata ria la parte del foglio alla stessa destinata, e ritirerà la firma del Dirigente o Gerente della stazione destinataria in segno di ricevuta sulla terza parte, che poi consegnerà al Dirigente Centrale della giurisdizione.

3.1.3. Linee

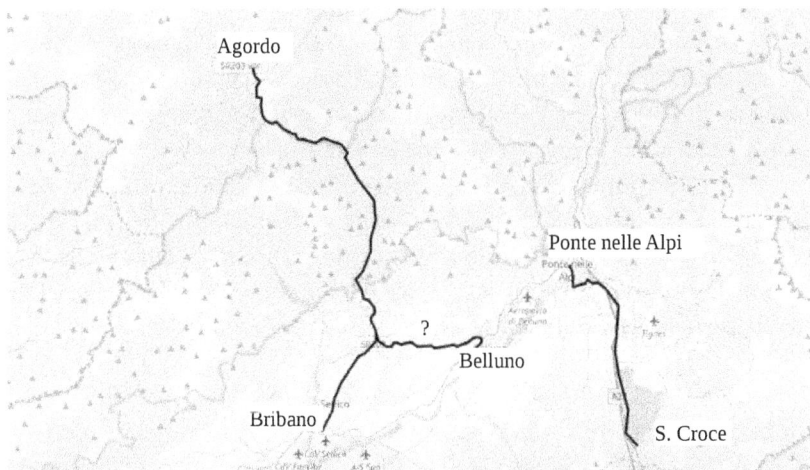

Illustrazione 15: Ferrovie Bribano - Agordo e Ponte nelle Alpi – S. Croce. Tracciati ipotetici.

3.1.3.1. Bribano – Agordo
Ferrovia che collegava la stazione di Bribano ad Agordo, forse vennero realizzati anche il collegamento da Mas a Belluno e un proseguimento verso Cencenighe. Linea con trazione a vapore, distrutta dagli italiani in ritirata e ripristinata dagli austro-ungarici. Scartamento di 0,6 m.

Illustrazione 16: Ferrovia decauville italiana in piazza ad Agordo, si nota la chiesa sullo sfondo. (Coll. Locatelli)

3.1.3.2. Ponte nella Alpi - Santa Croce

Era un sistema di trasporto che sostituiva la ferrovia a scartamento standard Vittorio Veneto - Ponte nelle Alpi che venne costruita solo nel 1938. Probabilmente essendo stata costruita dagli austro-ungarici era a scartamento di 0,7 m.

3.1.3.3. Feltre - Fonzaso / Arsiè - Fastro / Seren

Linee a scartamento di 0,6 m, con trazione a vapore, la capacità di trasporto giornaliera era di 580 t. La ferrovia da Feltre a Fonzaso venne costruita dagli italiani all'inizio della guerra, con l'intenzione di raggiungere il Primiero e Canal San Bovo. Partendo dalla stazione ferroviaria di Feltre la ferrovia aggirava il centro passando lungo via Monte Grappa, ma pare ci fosse un altro binario che passava lungo le strade del centro che serviva a collegare la caserma Zanettelli alla stazione. Esiste ancora (2019) un tratto di binario annegato nell'asfalto della piazzale della stazione delle corriere, usato un tempo per un deposito di combustibili, forse un resto della ferrovia decauville militare.

Illustrazione 17: Ferrovia Feltre - Fastro, località sconosciuta. La locomotiva sembra avere 3 assi e trainare un vagone passeggeri su un telaio decauville. (foto orig. sconosciuta)

Successivamente, gli austro-ungarici le potenziarono, anche spostando il binario in sede propria e estendendole verso Arsié - Fastro e Rasai di Seren del Grappa. Costituirono un sistema integrato ferrovia – teleferica per rifornire il fronte del Grappa con la stazione di Feltre e di Primolano. Esiste una foto che riprende un treno militare al punto d'incrocio in località Quattro Sassi che mostra una locomotiva apparentemente identica a quella in uso sulla ferrovia forestale Predazzo - Boscampo, che è stata identificata da M. Delladio, nel suo libro sulla ferrovia della Val di Fiemme, come una RIIIc austro-ungarica. Altre foto mostrano invece locomotive italiane a 2 o 3 assi.

Da notizie non confermate il ponte sul Cismon presso Arsié, costruito per la ferrovia, venne utilizzato per il traffico stradale per alcuni anni dopo la chiusura della linea. Una foto mostra il tratto vicino a Fastro e sembra che la ferrovia avesse un percorso a mezza costa sopra la strada carrabile, il che fa pensare che il capolinea fosse in zona Fastro Bassanese.

Alla fine della guerra, il 23-02-1919 venne inaugurato il servizio pubblico, gestito dall'esercito, non si sa se solo sul tratto Feltre – Fonzaso o se fino ad Arsié, che rimase in uso almeno fino al 1920. Dopo venne rimosso il binario forse perché le amministrazioni locali puntavano alla costruzione di una ferrovia a scartamento standard tra Feltre e la Valsugana.

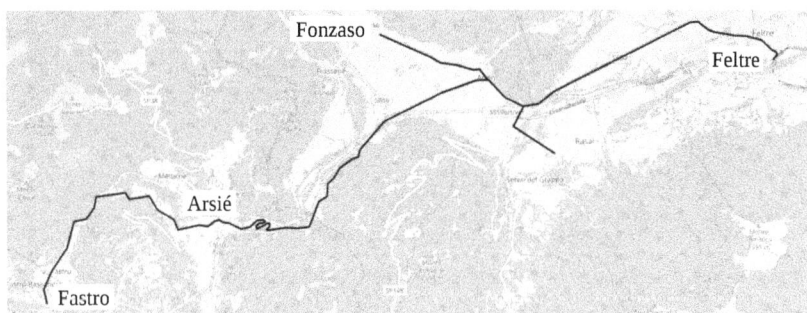

Illustrazione 18: Ferrovie nella zona di Feltre (BL) in alcuni punti il tracciato è ipotetico, si notano i tornanti presso Arsié.

Su queste linee a luglio 1918 circolavano treni con questo orario:

		Treni dispari			
Partenza	Destinazione	Treno n°	Ora	Carico	
Arsié	?	19	6,01	Munizioni	
Arsié	?	23	7,21	Munizioni	
Arsié	Rasai	25	8,01	Vettovaglie	
Arsié	Fenadora	27	8,41	Vettovaglie	
Arsié	Feltre	29	9,21	Vettovaglie	
Arsié	Feltre	39/I	9,50	Foraggio	In der Laergarnitur des Krankenzuges
Arsié	Feltre	31	10,01	Vettovaglie	für den Kantonierungeraus Pedavena
Arsié	?	33	10,41	Munizioni	
Arsié	Fenadora	37	12,01	Vettovaglie	
Arsié	?	39/II	12,51	Munizioni	
Arsié	Feltre	41	13,21	Vettovaglie	für den Kantonierungeraus Pedavena
Arsié	Rasai	43	14,01	Vettovaglie	

Treni dispari

Partenza	Destinazione	Treno n°	Ora	Carico	
Arsié	?	47	15,21	Munizioni	
Arsié	?	57	16,41	Munizioni	
Arsié	Fenadora	51	16,41	Vettovaglie	
Arsié	Rasai	59	17,01	Vettovaglie	
Arsié	Feltre	53	17,21	Vettovaglie	
Arsié	?	63	20,41	Munizioni	
Arsié	Feltre	65	21,21	Foraggio	In der Laergarnitur des Krankenzuges

Treni pari

Partenza	Destinazione	Treno n°	Ora	Carico
Feltre	Arsié	16	5,01	Materiale vario
Feltre	Arsié	20	6,21	Materiale vario
Feltre	Arsié	26	8,21	Feriti
Feltre	Arsié	40	13,10	Materiale vario
Feltre	Arsié	42	14,41	Materiale vario
Feltre	Arsié	50	16,21	Recupero di artiglieria
Feltre	Arsié	52/II	17,01	Feriti
Feltre	Arsié	52	17,01	Recupero di artiglieria
Fenadora	Arsié	40/II	14,21	Materiale vario
Rasai	Arsié	14	4,30	Materiale vario
Rasai	Arsié	32	10,30	Materiale vario

3.1.3.4. Venas – Zuel

Ferrovia costruita dagli italiani a scartamento di 0,75 m con trazione a vapore posata in gran parte sulla strada. Era collegata alla ferrovia del Piave tramite teleferiche che salivano da Perarolo a Venas. Vi erano in servizio 8 locomotive a 2 assi delle ferrovie decauville militari. Al momento della ritirata gli italiani distrussero tutte le locomotive e parte dei vagoni gettandoli nella valle sotto Venas. Era collegata alla stazione di Perarolo sulla ferrovia del Piave, tramite la lunga teleferica, costruita dalla Spadaccini di Milano. Questa aveva un percorso poligonato che toccava Perarolo – Caralte – Suppiane – Le Nove di Cibiana – Peaio. Da Zuel partiva una teleferica verso la località Vervei.

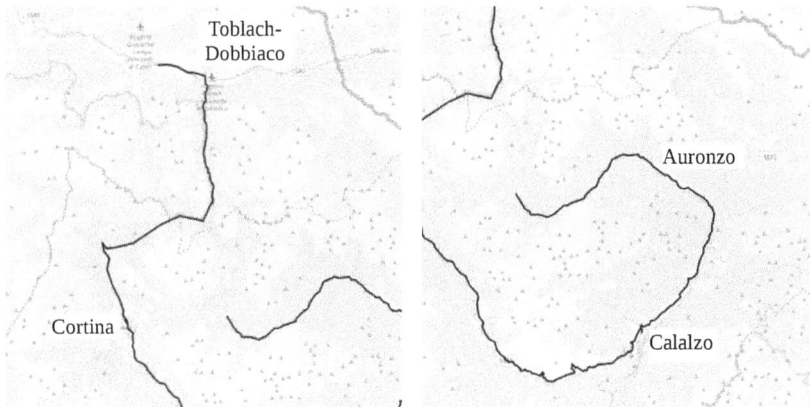

Illustrazione 19: Ferrovie tra Pustertal-Val Pusteria e Cadore. Sono riportati tutti i tracciati costruiti successivamente in momenti diversi.

3.1.3.5. Calalzo - Auronzo - Fedèra Vecchia

Linea italiana a scartamento di 0,75 m forse con trazione a vapore come la linea Venas - Zuel, costruita con partenza dalla stazione di Calalzo per rifornire la zona di Misurina.

3.1.3.6. Zona tra Monfalcone e Udine

In questa zona venne costruito un complesso sistema di ferrovie a scartamento di 0,6 m. Erano connesse alle ferrovie ordinarie in più punti e raggiungevano luoghi del Collio attualmente in Slovenia. A Cividale questo sistema si collegava con la ferrovia Cividale - Suzid - (Caporetto) con scartamento di 0,75 m.

3.1.3.7. Tolmezzo - Paluzza - Moscardo

Ferrovia a trazione a vapore con scartamento di 0,75 m. Dopo la guerra rimase in servizio fino al 1931. Per questa e per la Villa Santina – Comeglians, la Società Veneta, incaricata della costruzione, ricevette da Breda 10 locomotive a 2 assi immatricolate come gruppo 9 e classificate con i numeri da 90 a 99. Durante la guerra venne usata almeno una locomotiva a 2 assi Orenstein & Koppel e una costruita dalle Officine Meccaniche Reggiane per il Genio Ferrovieri. Dopo la guerra venne gestita dal Consorzio della Ferrovia del But nel tratto Tolmezzo – Paluzza.

3.1.3.8. Villa Santina - Comeglians

Ferrovia costruita dalla Società Veneta con trazione a vapore con scartamento di 0,75 m. Dopo la guerra rimase in servizio fino al 1931, gestita dal Consorzio Ferrovia Val Degano.

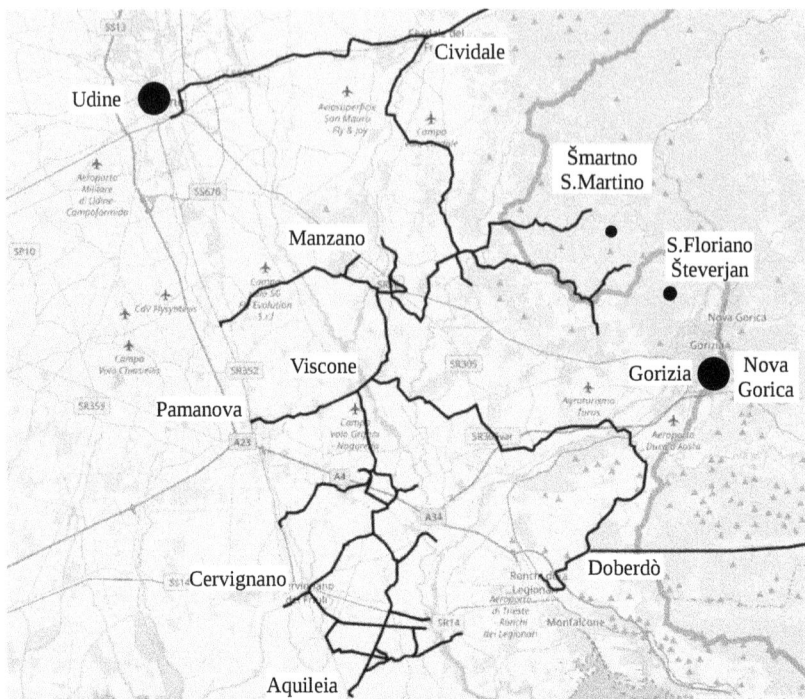

Illustrazione 20: Ferrovie in Friuli.

3.1.3.9. Villa Santina – Ampezzo

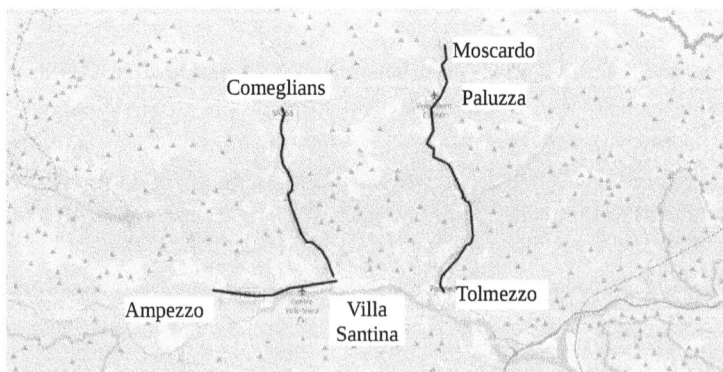

Illustrazione 21: Ferrovie in Carnia.

Ferrovia a trazione a vapore con scartamento di 0,6 m. Non ho trovato altre notizie oltre a una mappa approssimativa del tracciato.

3.1.3.10. Zona di Marostica

Gruppo di ferrovie a scartamento di 0,6 m usate per rifornire la zona dell'altipiano di Asiago. Le ferrovie erano: Dueville – Breganze – Calvene, Thiene – Breganze – Marostica – Marsan e Marostica – Vallonara. A Marostica esisteva un impianto di smistamento e a Thiene molti raccordi verso dei magazzini e impianti di scambio con la ferrovia standard.

3.1.3.11. Zona a Nord di Castelfranco

Gruppo di ferrovie con scartamento di 0,6 m per rifornire la zona del monte Grappa. Comprendeva le ferrovie Bassano del Grappa, località San Vito, – Romano d'Ezzelino – Crespano, con terminale posto alla villa Canal, posata in circa 4 mesi tra il 1917 e il 1918, Romano d'Ezzelino – Valle di Santa Felicita e una diramazione verso Semonzo. Forse venne costruita anche una ferrovia da Borso del Grappa verso Castelfranco Veneto.

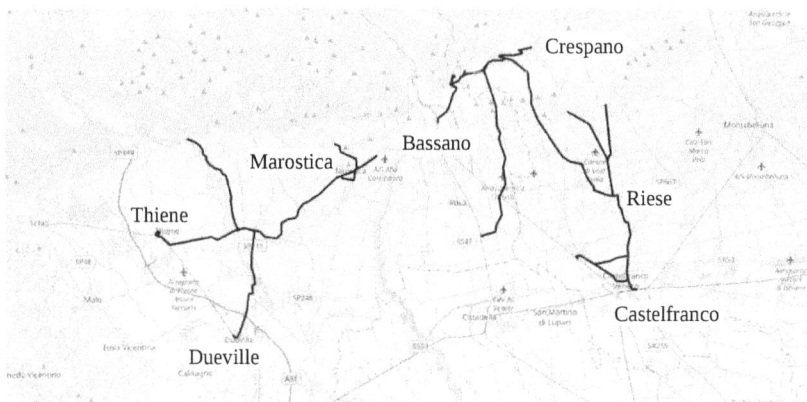

Illustrazione 22: Ferrovie vicine a Bassano.

Una mappa militare italiana, poco dettagliata, riporta anche una ferrovia dalla stazione di Rossano Veneto sulla ferrovia Bassano - Cittadella a un punto vicino Semonzo, passando per una località chiamata Bertignoni, che non sono riuscito ad identificare. Esisteva poi una linea con percorso Castelfranco - Riese Pio X - Casella d'Asolo e una Riese Pio X – Sant'Eulalia, passando per una località chiamata Tirene. Anche la stazione di Castello di Godego era collegata a questo gruppo di linee, anche con un percorso che evitava il centro di Castelfranco passando da Bella Venezia. Altre fonti parlano di una ferrovia Castelfranco – Riese – Ca' Falier – Oné.

3.1.3.12. Lago d'Idro – Storo

Ferrovie con scartamento di 0.6 m costruite forse nel 1916. Le merci probabilmente arrivavano tramite barche da Idro. Venne costruito anche un binario a scartamento standard da Idro a Ponte Caffaro, come continuazione della tranvia da Brescia, che finito nel 1918 non venne mai usato. (fonte "Immagini e storie dal Fronte delle Giudicarie", vedi biografia)

3.1.3.13. Litorale del Cavallino

Sistema di ferrovie con scartamento di 0,5 m. Inizialmente impiantate per collegare le polveriere alle batterie costiere e poi estese con una linea fino a Cortellazzo, diventato fronte di combattimento dopo la ritirata di Caporetto.

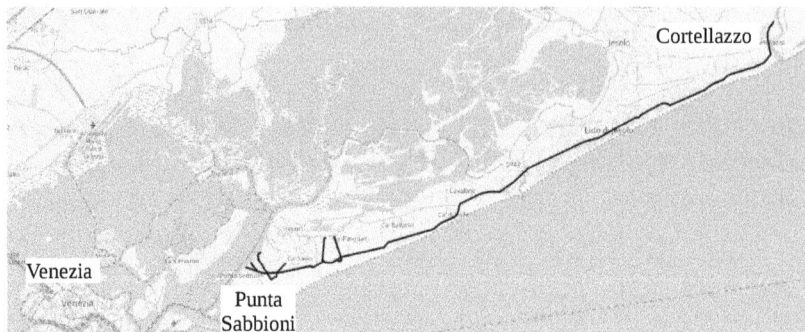

Illustrazione 23: Ferrovie al Cavallino, Venezia.

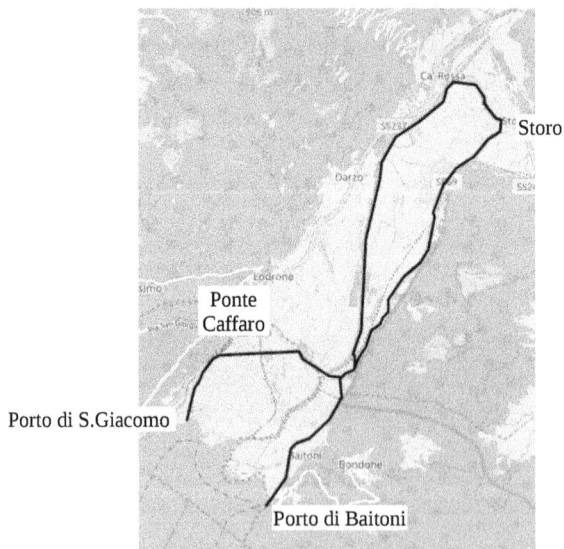

Illustrazione 24: Storo e Lago d'Idro. Vari tracciati di ferrovie a scartamento di 0.6 m costruiti a nord del lago d'Idro.

Illustrazione 25: Feltre, stazione di partenza della ferrovia. Si notano dei vagoni a carrelli e altri a 2 assi, dei tipi standard italiani e quelli che sembrano vagoni per passeggeri ottenuti da vagoni merci a 2 assi, potrebbe trattarsi di un treno per servizio civile dopo la fine della guerra. (coll. E. Valmassoi)

Illustrazione 26: Feltre, particolare di una locomotiva. Sullo sfondo si vede l'officina e alcuni binari che si intersecano a 90°. (coll. E. Valmassoi)

Illustrazione 27: Fonzaso, treno in partenza verso Feltre. Il binario è lungo quella che ora è via Marconi, di fronte all'Antico Albergo Sant'Antonio. Un testimone mi ha detto che in questo punto c'era il capolinea della ferrovia nel dopoguerra. (Coll. E. Valmassoi)

Illustrazione 28: Ferrovia Feltre - Fastro, interessante tratto a tornanti, forse 4, in alto a destra, indicato dalla freccia, si vene quello che può essere lo sbancamento per un rilevato per sostenere la ferrovia o la strada in salita verso destra. La zona è attualmente in parte occupata da una centrale idroelettrica. La ferrovia saliva fino alla chiesetta visibile sullo sfondo e poi scendeva verso Arsié.

La foto pare riprendere i lavori di costruzione, si notano in basso due soldati con un treppiede. In basso a sinistra si nota anche un binario che si distacca dal tracciato principale. Potrebbe essere un binario per parcheggiare una parte di un treno in salita nel caso che lo si dovesse spezzare in due se la potenza della locomotiva non fosse sufficiente per trainarlo in salita. Oppure potrebbe essere un binario di salvamento per deviare eventuali veicoli discendenti senza freni, oppure per consentire l'incrocio di due treni. (coll. E. Valmassoi)

3.2. Austria-Ungheria

Il sistema ferroviario austro-ungarico era notevolmente inferiore a quello germanico, soprattutto in Galizia. Le linee erano spesso di costruzione leggera e con velocità commerciale bassa. Le soluzioni trovate dagli imperiali per usare le ferrovie in guerra sono state molto interessanti: trazione elettrica e a batteria, scartamento normale.

Con il controllo della Bosnia e Erzegovina da parte dell'Austria (dal 1878), vi vennero costruite una serie di ferrovie con scartamento di 0,76 m, che venne poi indicato come scartamento "bosniaco". Questa misura forse deriva dalle ferrovie con scartamento di 2' 6" (2 piedi e 6 pollici = 2,5 piedi = 762 mm). Lo scartamento più largo rispetto alle ferrovie industriali venne scelto perché permetteva una maggiore capacità di carico, data anche la notevole lunghezza delle linee e la montuosità del territorio attraversato. L'esperienza ferroviaria dell'esercito venne costruita principalmente utilizzando queste ferrovie. Questo sistema di ferrovie divenne lo standard imperiale per le ferrovie leggere, con una uniformazione dei suoi componenti.

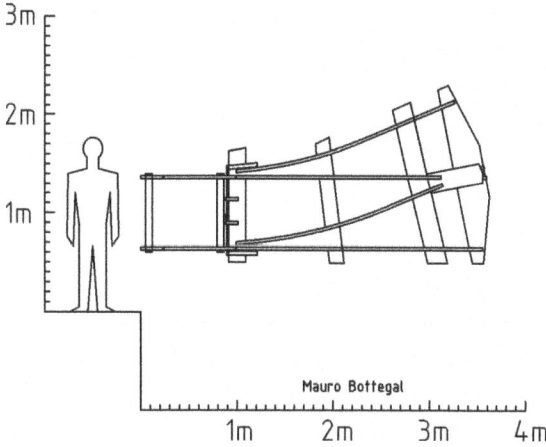

Illustrazione 29: Deviatoio per ruote con bordino doppio tipo Dolberg.

L'esercito imperiale austro-ungarico alla fine del XIX secolo studiò il problema della realizzazione di una ferrovia leggera portatile da utilizzare in caso di guerra. Venne acquistata una locomotiva Decauville a 2 assi e venne costruito un campo di prova a Korneuburg, vicino a Vienna. Dopo varie prove l'esercito scelse lo standard Dolberg, che aveva come caratteristiche particolari lo scartamento di 0,7 m e l'uso di ruote con doppio bordino, interno ed esterno alla rotaia, fatto che obbligava ad usare scambi a rotaie mobili al posto delle rotaie fisse e aghi mobili. Questo tipo di ferrovia era già stato usato in Germania per le ferrovie agricole, era quindi anch'esso di derivazione civile. Oltre ai binari e forse lo scartamento, erano molto simili i vagoni. La differenza più grande sembrerebbe essere il telaio dei carrelli, che era metallico nelle ferrovie agricole e di legno in quelle militari, forse per motivi di economi o scarsità di metalli.

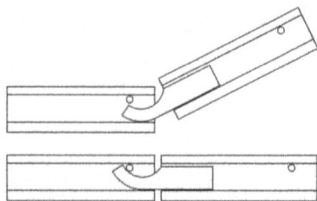

Illustrazione 30: Schema da un disegno russo della giunzione per binario Dolberg.

Il raggio di curvatura standard dei binari prefabbricati era di 30 m. Il tentativo del Ministero della Guerra di estendere l'uso dello scartamento di 0,7 m a tutte le ferrovie a scartamento ridotto dell'Impero, venne giudicato antieconomico dal Ministero delle Ferrovie. La scelta di questo standard, incompatibile con le ferrovie da campo degli altri eserciti, escluso quello russo, rese difficile l'integrazione con le ferrovie costruite da altri eserciti. Sul fronte occidentale invece, tutte le linee avevano caratteristiche comuni e, causa dello spostamento del fronte, è capitato che venisse usato materiale rotabile e binari conquistati al nemico durante l'avanzamento del fronte.

Durante la guerra per ovviare al problema dell'integrazione tra le diverse ferrovie, vennero sviluppate le Rollbahn, a scartamento di 0,6 m compatibili con le feldbahn germaniche. Dopo Caporetto l'esercito imperiale poté usare le ferrovie abbandonate dagli italiani in Friuli e Veneto, utilizzando anche propri treni.

Durante la guerra vennero costruite due ferrovie militari, la Ferrovia della Val Gardena - Grödenbahn e la Ferrovia della Val di Fiemme - Fleimstalbahn, utilizzando lo scartamento ridotto standard austro-ungarico di 0,76 m, partendo da progetti per ferrovie civili, adattati alla situazione di guerra e pensando a un futuro utilizzo commerciale. Probabilmente venne usato lo scartamento di 0,76 m, per potere usare veicoli già esistenti su altre ferrovie pubbliche.

Gli austro-ungarici, diversamente dagli altri eserciti, svilupparono molto la costruzione di sistemi ferroviari innovativi, in particolare vennero progettati e costruiti:

+ treni automotori con trazione benzo-elettrica distribuita lungo l'intero treno, sia a scartamento ridotto che ordinario.

+ veicoli "anfibi" capaci di viaggiare sia su rotaie che su strada.

+ ferrovie smontabili con scartamento standard.

+ ferrovie smontabili con trazione elettrica, sia con alimentazione tramite linea area sia con alimentazione a batteria.

3.2.1. Kraftwagenbahn

Illustrazione 31: Costruzione di una Kraftwagenbahn, si nota la leggerezza del binario e della massicciata. (Coll. P. Brascanu)

Le Kraftwagenbahnen erano un'interessante applicazione del concetto di ferrovia leggera portatile adattato però allo scartamento standard. Era costituita da binari a scartamento standard con rotaie molto leggere, tipo feldbahn, raggi di curvatura molto stretti e una massicciata estremamente ridotta, non era compatibile con i normali treni a scartamento standard, ma vi circolavano dei treni-generatore specifici, Generatorzug. In questi treni quella che sembrava la locomotiva era un carro generatore che forniva e regolava energia elettrica inviata ai vagoni del treno che avevano ognuno un motore elettrico su un asse.

Illustrazione 32: Treno benzo-elettrico in una curva molto stretta presso Tihuta. Si nota che il generatore non è uno degli standard normalmente in uso, ma ha un aspetto molto simile ai treni benzo-elettrici per lo scartamento di 0,7 m. Dovrebbe essere un veicolo costruito dalla fabbrica di Florisdorf, con motore Austro-Daimler e la parte elettrica di BBC Wien, con un motore a benzina da 110 KW, velocità massima di 20 km/h e una massa in servizio di 10,5 t. (da Anuarul Bârgăuan, Anul V, Nr. 5, 2015, coll P. Brascanu)

L'uso dello scartamento standard permetteva capacità di trasporto molto superiori rispetto agli scartamenti ridotti, mantenendo bassi i costi di costruzione grazie alla struttura estremamente leggera. Il trasporto di treni standard era possibile solo grazie a carri trasbordatori, come avviene sulle ferrovie a scartamento ridotto per trasportare carri a scartamento normale.

Erano realizzate con elementi di binario rettilinei o curvi, di lunghezze comprese tra 1,9 m e 5 m, con rotaie da 10 Kg/m con traverse metalliche. Venivano posati su una massicciata leggera di 0,2 o 0,3 m e si riusciva a posare 2 Km di binario al giorno.

Confronto tra le varie forme di ferrovia da campo austro-ungariche		
	Lunghezza totale Km	Capacità di trasporto in ton/24h
Lokfeldbahn	427	
Feldbahn	4172	100-500
Rollbahn	2541	norma 60-200, max 400
Lokrollbahn	1456	norma 150-600, max 870

Questi dati sono probabilmente approssimativi.

Illustrazione 33: Kraftwagenbahn, probabilmente la Dornişoara – Prundu Bârgăului. (Coll P. Brascanu)

3.2.2. Linee

3.2.2.1. Trento - Villazzano
Motorfeldbahn a scartamento 0,7 m, lunga 11 Km.

3.2.2.2. Sant'Ilario di V. Lagarina - Marano
Motorfeldbahn a scartamento 0,7 m, lunghezza 5 Km.

3.2.2.3. Volano - Sant'Ilario - Rovereto
Motorfeldbahn a scartamento 0,7 m, lunghezza 5 Km. Costruita come connessione con la teleferica per Zugna Torta.

3.2.2.4. Arco - Riva e diramazione Tommaso - Varone
Motorfeldbahn posata, tranne la diramazione, sul tracciato delle ferrovia Mori - Arco - Riva, probabilmente adattando lo scartamento a 0,7 m da 0.76 m originale della ferrovia.

3.2.2.5. Borgo Valsugana – Maso Beselenga
Piccola ferrovia forse a cavalli tra la stazione di Borgo Valsugana e la località di Maso Beselenga, vicino al paese di Spagolle. I dati dicono che serviva per il trasporto di carbone dalla stazione della ferrovia a un deposito dei combustibili, ma forse, vista la posizione alla base delle montagne, collegava le teleferiche verso l'altopiano di Asiago alla stazione ferroviaria di Borgo Valsugana. Lo scartamento pare essere stato di 0,6 m e non lo standard austroungarico di 0,7 m.

Illustrazione 34: Ferrovie in Trentino. In basso a sinistra si vede parte della ferrovia italiana del lago d'Idro e a destra la ferrovia da Feltre.

3.2.2.6. Roncegno - Marter - Cadenzi
Anche questa linea pare avere avuto lo scartamento di 0,6 m, lunghezza 2,5 km.

3.2.2.7. Arco - Dro - Pietramurata - Sarca di Calavino
Motorfeldbahn, trazione a benzina, lunga 30 km, potenzialità giornaliera 120 t.
Alla data del 9-7-1917, da un telegramma al Comando Generale del Genio di Abano, la linea risulta esercita, con mezzi benzo-elettrici, da un distaccamento, a Riva del Garda, della 5a Compagnia Decauville con sede a Marostica.

3.2.2.8. Pinzolo - Caderzone - Villa Rendena - Lardaro
Era una Motorfeldbahn da 0,7 m, di 6,5 Km di lunghezza, completata solo in parte a causa della fine della guerra, la lunghezza totale del progetto sarebbe stata di circa 30 km.

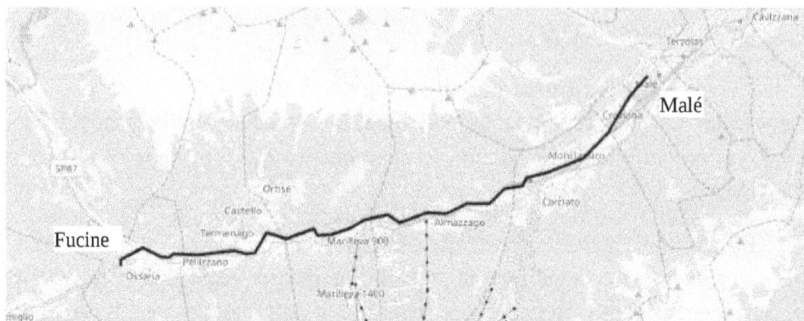

Illustrazione 35: Tracciato approssimativo della ferrovia Malè - Fucine.

3.2.2.9. Malè - Fucine

Motorfeldbahn da 0,7 m, lunga 16 km, con una capacità giornaliera di 300 t. Partiva dal capolinea della tranvia a scartamento di 1 m Trento - Malè e la collegava alla teleferica verso il Passo del Tonale.

3.2.2.10. Niederdorf-Villabassa - Toblach-Dobbiaco - Landro

In seguito estesa fino a Cortina e poi ancora a Calalzo. Linea con scartamento di 0,7 m lunga circa 13 Km con il binario posato sul lato della strada, era una Motorfeldbahn, sulla quale si sarebbero dovuti usare i treni automotori a benzina tipo Generatorzug. Una foto però mostra anche delle locomotive a vapore a 4 assi e con tender. Venne costruita nel 1917 per rifornire il fronte del Monte Piana. Venne poi prolungata fino a Cortina d'Ampezzo dove venne installata una officina e gli uffici della dirigenza. Con la ritirata degli italiani, gli austro-ungarici in avanzata portarono lo scartamento, o forse sostituirono il binario, della Venas - Zuel da 0,75 m a 0,7 m come il resto della linea da Toblach-Dobbiaco. Venne poi ulteriormente estesa fino a Calalzo, consentendo il collegamento con la ferrovia a scartamento standard. Per il tratto Venas - Calalzo a causa del percorso accidentato della strada si dovette creare un tracciato in sede propria. Nel corso del 1918 venne anche rinforzato l'armamento per permettere carichi maggiori e potere utilizzare i Generatorzug fino alla stazione di Calalzo.

Sempre nel 1918 si iniziarono i lavori da Toblach-Dobbiaco per trasformare questa feldbahn da 0,7 m in un vera ferrovia a vapore a scartamento ridotto austriaco di 0,76 m ma vennero interrotti prima del completamento.

Alla fine della guerra, col passaggio di queste valli all'Italia, a questa ferrovia verrà ulteriormente cambiato lo scartamento, che verrà portato a 0,95 m, lo scartamento ridotto standard italiano, con adeguamento del materiale rotabile presente. Vennero adattati anche alcuni generatorzug.

3.2.2.11. San Stino - Grisolera

Ferrovia a scartamento di 0,7 m con trazione a vapore.

3.2.2.12. Pravisdomini - Livenza (a Tezze) - Cornara – Visnà

Era una delle molte ferrovie impiantate nella pianura veneta per rifornire il nuovo fronte lungo il Piave.

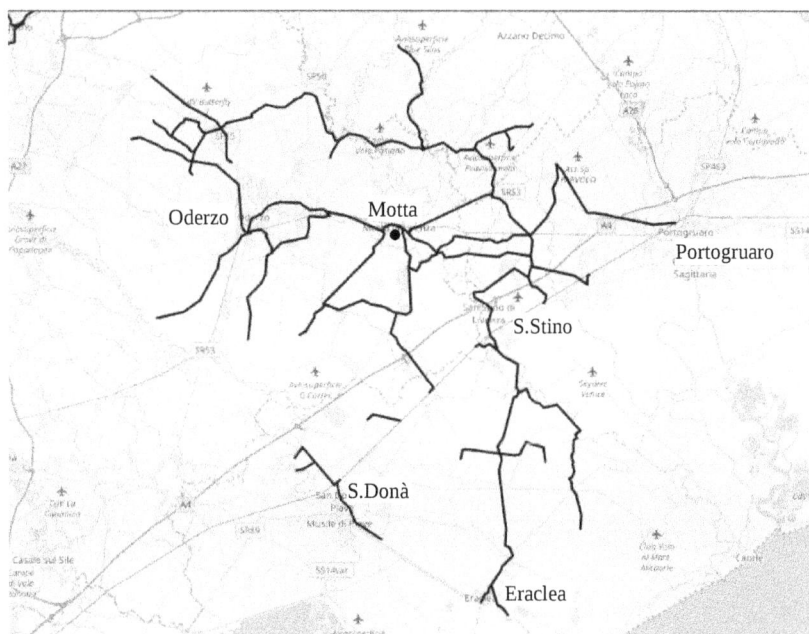

Illustrazione 36: Mappa delle ferrovie installate dagli austro-ungarici in Veneto dopo Caporetto.

3.2.2.13. Logatec (Longatico - Loitsch) - Idrija (Idria) - Dolenje Trebuša

Ferrovia a scartamento di 0,7 m, con trazione a benzina. La costruzione era iniziata nel 1916, prima il tratto da Logatec a Godovich e successivamente da qui a Idrija. Questo tratto era estremamente difficile da costruire, bisognava superare un dislivello di 250 m e in alcuni tratti il pendio da attraversare era estremamente scosceso. Si dovettero scavare almeno un tunnel nella roccia di circa 20 m. Il tracciato ad oggi (2010) è relativamente ben conservato e si possono percorrere anche alcuni tunnel. I lavoratori che hanno costruito questo tratto erano prigionieri di guerra russi. Il tracciato di 12 kilometri venne completato incredibilmente in soli 20 giorni dal 01-09-1916 al 20-09-1916. L'ulteriore tracciato di 27 Kilometri fino a Dolenje Trebuša venne messo in servizio il 18-10-1917, una settimana prima dello sfondamento di Caporetto, questo tratto rimase in servizio una sola settimana. I treni trainati da 4 cavalli comprendevano al massimo 10 vagoni, vennero usati anche i cani. Vennero iniziati dei lavori per la conversione a scartamento normale.

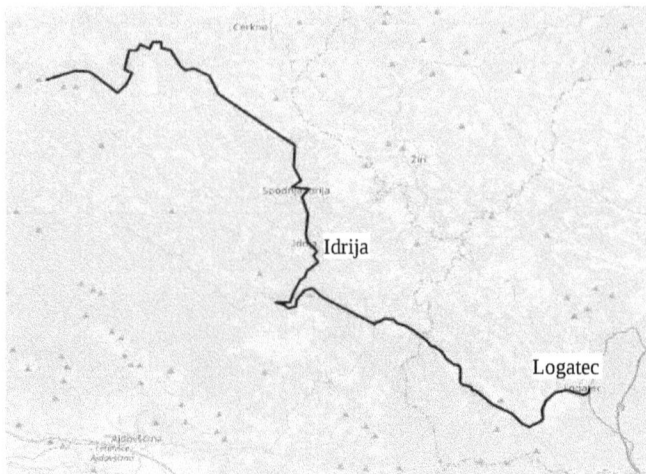

Illustrazione 37: Ferrovia Logatec - Idrija - Dolenje Trebuša

Al 09-07-1919 la linea Logatec - Idrija, risultava gestita da un distaccamento a Logatec - Longatico della 7a Compagnia Decauville, con sede di Comando a Mesola, dove era appena stata smantellata una ferrovia decauville forestale militare.

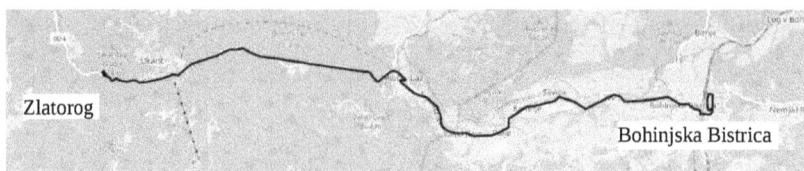

Illustrazione 38: Bohinjska Bistrica – Zlatorog.

3.2.2.14. Bohinjska Bistrica – Zlatorog

Era una ferrovia con scartamento di 0,7 m elettrificata con corrente continua a 500 V, lunga 13 Km. Era collegata alla ferrovia standard alla stazione di Bohinjska Bistrica, all'imbocco nord del tunnel di Boinj lungo 6327 m. Venne costruita nell'autunno del 1915 dalla IIX Compagnia Ferroviaria dell'esercito austro-ungarico e completata il 06-12-1917.

Fino all'estate del 1917 venne utilizzata la trazione a cavalli (pferdefeldbahn) e poi venne elettrificata a causa della scarsità di cavalli disponibili e dell'aumentato costo del foraggio. I lavori di elettrificazione vennero eseguiti tra il 30-04-1917 e il 23-07-1917 e per fornire l'energia elettrica venne costruita una centrale idroelettrica. Erano in servizio 10 locomotive elettriche costruite da Ganz di Budapest. Circolavano 5 coppie di treni al giorno e un viaggio di sola andata durava 2 ore a causa delle frequenti soste per carico e scarico lungo il percorso. L'esercizio militare finì ufficialmente il 04-11-1918, ma poi venne riattivata per motivi

66

commerciali e turistici, esiste almeno una foto che sembra mostrare persone in gita. Rimase in esercizio almeno fino al 1919, dopo di che venne smantellata. Durante la guerra poteva trasportare 200 tonnellate al giorno, sia con la trazione a cavalli che con quella elettrica.

3.2.2.15. Ponte della Priula – Revine

Illustrazione 39: Ferrovie nella zona di Conegliano.

I dati trovati la descrivono come una ferrovia a scartamento di 0,7 m a trazione a vapore. Ma tutte le fotografie trovate mostrano binari di tipo standard, in particolare gli scambi non sono adatti a ruote con doppio bordino, tipo feldbahn austro-ungariche. Dato poi che su qualche mappa imperiale è riportata anche una ferrovia con scartamento di 0,6 m che collegava il capolinea di Revine con le stazioni ferroviarie di Vittorio Veneto e di Vittorio Veneto Sant'Andrea, capolinea della linea militare austro-ungarica a scartamento standard che partiva da Sacile, si può ritenere che avesse lo scartamento di 0,6 m, cosa che avrebbe permesso il collegamento diretto con Conegliano.

3.2.2.16. Cave del Predil (Raibl) - Log pod Mangartom (Bretto)
Questa ferrovia era un caso particolare rispetto allo standard delle ferrovie campali, si trattava di una ferrovie interamente sotterranea. Era stata costruita per esigenze minerarie. Sfruttava la galleria di scolo dell'acqua dalla miniera di Cave del Predil, oggi in Italia, verso Log pod Mangartom, oggi in Slovenia. Si trova 240 m sotto il livello 0 della miniera, è lunga 4844 m. Venne completata nel 1905 e durante la guerra venne ampliata ed era percorsa da una ferrovia elettrica che in una foto appare alimentata da due fili sospesi, forse quindi alimentata con corrente alternata

trifase o forse per evitare il ritorno attraverso le rotaie e il terreno. Successivamente la trazione elettrica probabilmente è stata sostituita da quella a batteria, almeno così sembra dalle foto più recenti. Il tunnel è largo 2,5 m e alto 2 m, sbocca a 626 m sul livello del mare.

Venne usato anche per nascondere lo spostamento di truppe e materiali verso Caporetto. Pare che l'idea di usare questo impianto sia stata di Erwin Rommel. Se il trasporto fosse stato effettuato allo scoperto attraverso il passo del Predil, gli italiani l'avrebbero visto e avrebbero capito le intenzioni degli austro-ungarici.

I dati relativi al lavoro svolto da questa ferrovia sono:

Anno	Viaggi fatti	Soldati trasportati
1915	600	32,120
1916	10,939	144,755
1917	21,946	270,015
1918	33,495	446,890

Nelle settimane che precedettero l'attacco vi transitarono 270 mila soldati a bordo di treni che viaggiavano 16 ore al giorno. L'uso di questa ferrovia sotterranea, insieme ad altre forme di occultazione, risultò importantissimo per buon esito dell'attacco di Caporetto.

La ferrovia rimase in funzione per molti anni dopo la fine della guerra. Dopo la Seconda Guerra Mondiale alla base dell'ascensore esisteva un posto di controllo di confine, perché la galleria veniva usata sia dai minatori e altre persona per passare tra Jugoslavia e Italia.

3.2.2.17. Jędrzejów - Opatowski
Progettata come ferrovia a cavalli e poi convertita alla trazione meccanica, la costruzione iniziò nel febbraio 1915. In parallelo venne costruita una ferrovia a cavalli da Jasionna a Opatów, di 92 Km che rimase in servizio fino ad agosto 1915. Venne aperta per sezioni seguendo lo spostamento del fronte. Era a scartamento di 0,7 m con trazione a vapore, la lunghezza totale era di 86 Km. Su una foto si notano dei vagoni tipici per feldbahn austro-ungarica ma con ruote con solo il bordino interno, forse un adattamento dovuto alla presenza di fango o neve o, forse per adattarli a binari per ruote con un unico bordino. Una fonte polacca scrive che lo scartamento era di 0,6 m, poi portato a 0,75 m negli anni '50.

3.2.2.18. Łaszczów - Wożuczyn
Ferrovia costruita nell'autunno 1916, nessun'altra notizia.

3.2.2.19. Hrubieszów - Gozdów – Turkowice
Hrubieszów (ucr. Грубешів) - Gozdów (ucr. Гоздів).

Illustrazione 40: Ferrovie posate a nord di Cracovia, Polonia. 1 Pińczów, 2 Busko, 3 Chmielnik

3.2.2.20. Bełżec – Rejowiec

Si tratta di una delle prime ferrovie a scartamento ridotto costruite dagli austro-ungarici in Polonia per compensare la mancanza di ferrovie a scartamento standard. Venne costruita iniziando da Bełżec nell'estate 1915 impiegando circa 3500 prigionieri russi. Forse venne costruita dall'esercito germanico e poi gestita da quello austro-ungarico.

3.2.2.21. Угнів (Uhnów) - Hrubieszów

Identificata come Uhnów – Hrubieszów, costruita dai germanici nel 1915 e rilevata dagli austro-ungarici nel 1916. Scartamento 0,6 m.

Uhnów conosciuta come Uhniv (ucr. Угнів, pol. Uhnów, yid. הובנוב) è attualmente in Ucraina.

3.2.2.22. Zawada – Zamość – Hrubieszów

Zamość (ted. Zamosch, ucr. Замостя, rus. Замость (Замостье), yid. זאמאשטש) - Hrubieszów (ucr. Грубешів)

3.2.2.23. Rejowiec - Krasnystaw - Zawadę do Zwierzyńca - Bełżec

Costruita dagli austro-ungarici lungo la riva destra del fiume Wieprz per evitare i problemi di allagamento che avevano distrutto le ferrovie feldbahn germaniche. Rejowiec przez Krasnystaw – Zawadę do Zwierzyńca i następnie do Bełżca.

3.2.2.24. Charsznica - Miechów – Działoszyce - Góry do Kołkowa

Venne preceduta nel 1914 da una ferrovia a cavalli da 0,6 m, poi smantellata. La ferrovia da 0,7 m con trazione a vapore iniziò a gennaio 1915. Costruita tra gennaio e marzo 1915, e smontata già ad agosto, con una lunghezza totale di 59 Km. Il tratto

69

da Góry a Kołkow aveva binario pesante per trasportare mortai da 306 mm. Vennero posate alcune estensioni con scartamento di 0,6 m: Rudki - Staszów, 21 Km, usata nel giugno 1915, Staszów - Iwaniska, 23 km, Staszów- Stopnica, 41 km.

Illustrazione 41: Charsznica, si nota il percorso a spirale per superare la ferrovia standard.

3.2.2.25. Kocmyrzów – Skorzów
Ferrovia da 0,6 m a cavalli, lunga 67 Km. Attraversava, Proszowice, Bełzów, Skalbmierz, Działoszyce, Iżykowice do Gór. In seguito venne costruita una diramazione verso Kazimierzy Wielkiej, che portò la lunghezza totale a 75 Km. Venne smantellata tra gennaio e maggio 1915.

Illustrazione 42: Kocmyrzów pare essere il capoluogo del Comune, una mappa riporta Luborczyca come località del capolinea.

3.2.2.26. Kocmyrzów- Posądza
Ferrovia da 0,76 m lunga 14 km, con trazione a vapore, collegava delle cave di gesso vicino a Posądza.

3.2.2.27. Kijów - Pińczów - Opatowiec
Ferrovia da 0,7 m lunga 65 km.

3.2.2.28. Szczucin - Staszów
Scartamento di 0,7 m, lunga 34 Km, con una diramazione da Zborówka a Kars. Trazione a cavalli.

3.2.2.29. Chmielnik - Busko
Scartamento di 0,6 m lunghezza 17 Km, trazione a cavalli.

3.2.2.30. Jasic - Opatów
Scartamento 0,6 m, lunghezza 18 Km. Jasic non è stato identificato sulla mappa.

3.2.2.31. Sędziszów - Szczekociny
Ferrovia di 24 km, scartamento di 0,6 m, dal 1918 a trazione a vapore.

3.2.2.32. Zagnańska - Samsonowa
Ferrovia forestale da 0,6 m.

3.2.2.33. Kielce - Daleszyce
Ferrovia forestale da 0,6 m, lunga 47 km, dal 1918 a vapore.

Illustrazione 43: Ucraina.

3.2.2.34. Самбір/Sambir
In questa città, ora in Ucraina, era in funzione una feldbahn con treni-generatori a scartamento di 0,7 m. Nessun altro dato.

3.2.2.35. Ozhydiv/Ожидів (Ozydow) – Monastyrys'ka/Монастириська
Ferrovia in Ucraina con trazione sia a vapore sia con automotori a benzina, con scartamento di 0,7 m. Il tracciato indicato sulla mappa è ipotetico. Presso la stazione di Золочів/Zolochiv (Złoczów, זלאָטשאָװ), esisteva una officina di riparazione.

A Озерна/Ozerna (Jezierna) era presente una interconnessione con la ferrovia standard.

3.2.2.36. Нараїв (Narajów) - Лани (Lany) -Дунаїв/Dunaiv (Dunajow)
Attualmente in Ucraina era una feldbahn con trazione a cavalli.

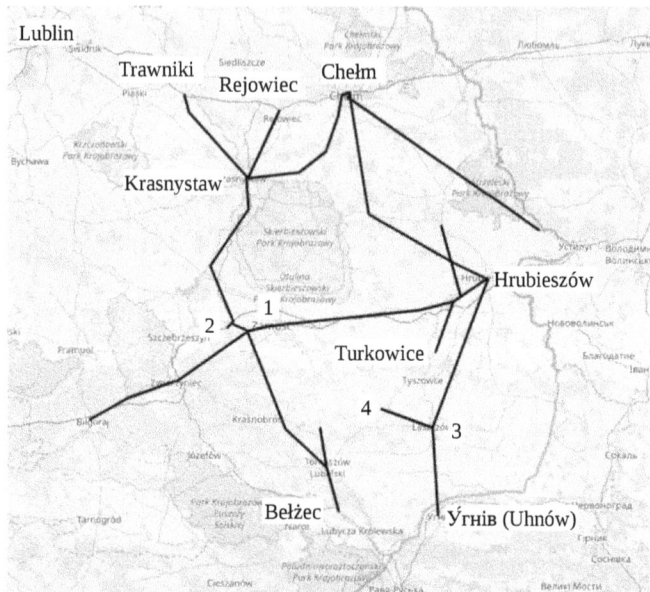

Illustrazione 44: Est di Lublino. 1 Zamość, 2 Zawada, 3 Łaszczów, 4 Wożuczyn

3.2.2.37. Iacobeni – Cârlibaba (Kirlibaba) – P. Prislop – Borşa
Costruita verso la fine del 1916. Linea in Romania, nei Carpazi, chiamata anche Prislopbahn. Era una ferrovia con scartamento di 760 mm, posata in parte sulla strada carrabile, con pendenza massima di 5,2%. Questo percorso non era adatto a una ferrovia prefabbricata a scartamento normale, perché pur avendo delle pendenze relativamente lievi la strada sulla quale si sarebbe dovuta impiantare aveva curve troppo strette.

Nel 1914 venne dunque scelto il percorso Dornişoara – Prundu Bârgăului e questa venne costruita solo un paio d'anni dopo. Lungo il percorso che partiva a 827 m e saliva fino a 1416 m al Passo Prislop, era presente forse un tracciato a zig-zag per superare un grande dislivello. Da Cârlibaba (946 m) partiva una diramazione verso Pasul Rotunda probabilmente con trazione a cavalli. Una curiosità: Borsa si trova a 40Km da Vişeu de Sus, capolinea dell'ultima ferrovia forestale europea a vapore e scartamento di 0,76 m.

Illustrazione 45: Złoczów, attualmente Zoločiv / Золочів (rus. Золочев) in Ucraina, officina con veicoli automotori. (da foto di www.archivinformationssystem.at)

3.2.2.38. Dornişoara – Prundu Bârgăului

Kraftwagenbahn, ferrovia prefabbricata a scartamento normale. Nel dicembre del 1914 le truppe austro-ungariche furono costrette a ritirarsi dalla Bucovina sotto la pressione russa, i russi riuscirono a invadere temporaneamente parte della Transcarpazia. All'inizio del 1915, tuttavia, il fronte fu spostato sul lato orientale dei Carpazi e doveva quindi essere dotato di una linea di rifornimento efficace che aggirasse la mancanza di un collegamento ferroviario.

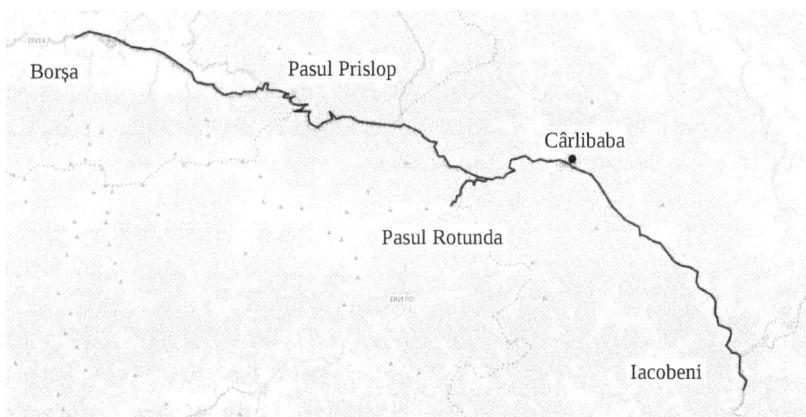

Illustrazione 46: Prislopbahn.

La soluzione di questo problema di collegamento ferroviario fu affidata a József Czermak. Egli impiantò una ferrovia prefabbricata a scartamento standard che superava il passo Tihuţa (Pasul Tihuţa, chiamato anche Pasul Bârgău; ung. Borgói-hágó o Burgó) i lavori di costruzione iniziarono il 11-11-1914 o forse il 01-12-1914 ed entrò in funzione 15-08-1915. Per la costruzione vennero impiegati circa 300 lavoratori civili e 5,600 prigionieri di guerra.

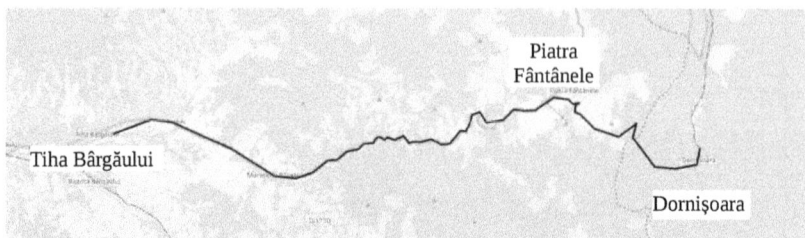

Illustrazione 47: Tracciato della ferrovia Dornişoara – Prundu Bârgăului.

Il tracciato partiva a 520 m e in 28 Km saliva a 1145 m, anche se il passo si trova a 1201 m, forse si tratta di un errore nei dati trovati, vicino al Mănăstirea Fântânele (Monastero di Fantanele), da qui in 7,5 Km scendeva a 1032 m a Dornişoara. Lungo il percorso erano presenti 230 curve, con raggio compreso tra 200 m e 20 m, il tratto con la maggiore pendenza era di 8,7% su una curva di raggio di 30 m. Le rotaie pesavano 9,5 Kg/m, gli elementi era di lunghezza di 5 m e le traverse erano larghe 1,9 m il raggio di curvatura minimo era di soli 15 m. La massicciata era alta circa 0,25 m. Questa ferrovia venne costruita specificatamente per essere gestita con treni benzo-elettrici con trazione distribuita su tutti i carri per potere superare pendenze molto ripide, impossibili da superare da treni formati da una locomotiva e vagoni a rimorchio.

Vennero costruite 8 stazioni, comprese le 2 di trasbordo dalla ferrovia normale, poste a circa 4 Km una dall'altra, con 2 binari lunghi 120 m che potevano ospitare contemporaneamente 2 treni ciascuno. I treni erano generalmente composti da un carro-generatore, un carro per il carburante e gli attrezzi, e 5 o 6 vagoni aperti che potevano trasportare 6 tonnellate di carico utile ciascuno. Con l'avanzata russa del

Illustrazione 48: Mappa della ferrovia.

1916 in Bucovina questa ferrovia venne usata per salvare persone e materiale dal cadere in mano nemica. Vennero trasportati circa 25,000 feriti, 30,000 civili, 45 locomotive e vari vagoni. I mezzi ferroviari non potendo viaggiare su questo binario, dovevano essere smontati e, i vari pezzi, caricati sui vagoni della ktaftwagenbahn. Nel 1915 circolavano 5 coppie di treni al giorno, che divennero 14 nel 1917, vi erano in servizio 17 carri generatore, le "locomotive" e 130 carri anche de questi dati non sono certi, alcune fonti parlano di 7 generatori e 90 carri, ma questi numeri sembrano un po' bassi. I dati dicono che aveva una capacità di trasporto giornaliera di più di 1100 t. Dopo la guerra venne gestita dalla Ferrovia Statale Rumena, CFR, con gli stessi veicoli riparati dopo essere stati danneggiati dagli austro-ungarici alla fine della guerra. Venne chiusa nel 1938 all'apertura della ferrovia Ilva Mică–Floreni.

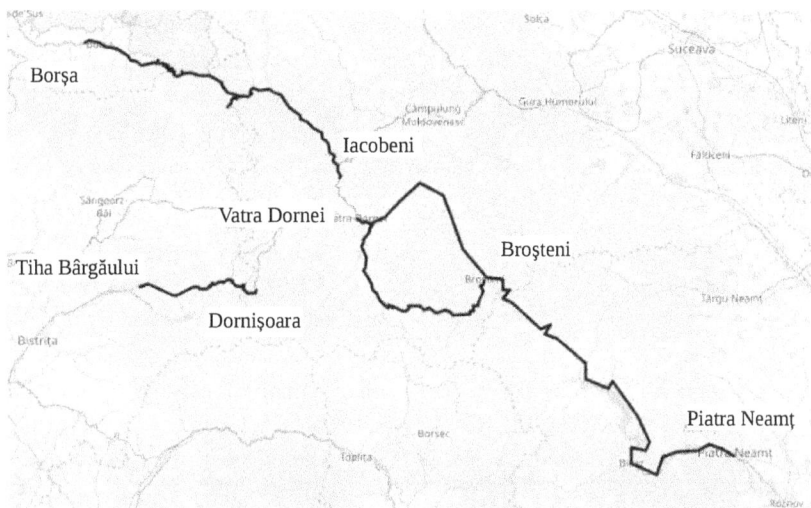

Illustrazione 49: Vista di insieme delle ferrovie in Romania.

3.2.2.39. Vatra Dornei (Dornavátra) – Broşteni - Piatra Neamţ
Feldbahn con trazione animale, da Vatra Dornei a 946 m.s.m., a Broşteni a 620 m.s.m. probabilmente aveva scartamento di 0,6 m.

Illustrazione 50: Treno ricostruito per uso civile sostituendo l'asse anteriore con un carrello recuperato da un vagone. (Foto da Twitter - Gearedloco nessuna informazione ricevuta)

A Vatra Dornei era stato installato un ospedale militare e alcune foto mostrano dei treni a trazione animale per il trasporto dei feriti. Venne costruita integrando due ferrovie forestali con scartamento di 0,6 m. Il percorso probabilmente seguiva la valle della Bistriţa, ma una carta indica un percorso più occidentale tra Vatra Dornei e Broşteni. Forse non è mai stata completata, ma usata solo in alcuni tratti o forse sono stati realizzati due tracciati a causa dello spostamento del fronte.

3.2.2.40. Albania

Dopo averla occupata nel 1915, mentre l'Italia controllava Valona, L'esercito austro-ungarico costruì in Albania una rete di ferrovie con scartamento di 0,7 m per compensare la mancanza di strade adatte elle esigenze militari. Vi viaggiavano treni tipo generatorzug e le linee erano spesso accostate alle strade. In almeno un caso per potere utilizzare i ponti stradali esistenti, con carreggiata non orizzontale ma a schiena d'asino, era necessario tagliare i treni e fare trainare i singoli vagoni da animali per superare la pendenza del ponte stesso. La mappa riportata forse comprende anche delle teleferiche che poi sono state sostituite da ferrovie. Nelle foto austro-ungariche Lezhë viene chiamato Alessio.

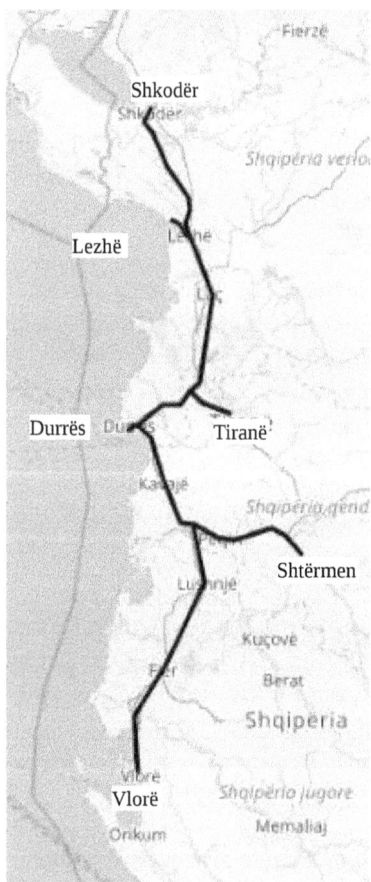

Illustrazione 51: Varie ferrovie in Albania.

3.2.2.41. Dutovlje - Kostanjevica na Krasu – Doberdò del Lago/Doberdob

Si trattava di una ferrovia prefabbrica a scartamento normale esercita con generatorzug benzo-elettrici. Le principali località erano Dutovlje (Duttogliano), Kostanjevica na Krasu (Castagnevizza) e Doberdò del Lago/Doberdob, attualmente in parte in Slovenia e in parte in Italia. Per l'inversione di marcia dei treni, che erano monodirezionali esistevano delle racchette di inversione al capolinea e in alcune stazioni lungo la linea. La costruzione iniziò il 15-08-1915 e venne completata il 4-10-1915. La pendenza massima era del 50 °/oo e vi funzionavano 16 carri-generatore che, da alcune foto sembra potessero alimentare treni molto più lunghi rispetto a quelli che attraversavano il Pasul Tihuța in Romania, probabilmente a causa del tracciato meno impervio.

3.2.2.42. Kreplje – Dutovlje – Gorjansko

Ferrovia a scartamento di 0,7 m esercita con locomotive ad accumulatori. Il percorso era Kreplje (Crepegliano) – Dutovlje (Duttogliano) – Gorjansko (Goriano, ted. Goreanska).

Illustrazione 52: Ferrovie a vari scartamenti nel Carso.

3.2.2.43. Klausen-Chiusa – Plan

Ferrovia con scartamento di 0,76 m. Venne costruita velocemente impiegando molti prigionieri russi basandosi sul progetto di una ferrovia a scartamento metrico. Dal capolinea di Plan partiva un sistema di teleferiche verso le montagne. Per questa linea vennero progettate e costruite delle particolari locomotiva-tender a 4 assi con sistema Klein-Lindner. Il percorso era molto accidentato, con curve con raggio minimo di 35 m e pendenze fino al 5%. Alla partenza da Klausen-Chiusa, la ferrovia partiva in direzione Sud, faceva una curva a destra di 180° per raggiungere la stazione sulla ferrovia del Brennero, proseguiva in direzione Nord e poi con un'altra curva a destra di 180°, su un ponte, cominciava a salire verso la Val Gardena. A S.Crestina-St.Christina-S.Cristina la ferrovia arrivava da Ovest, con un tornante a sinistra girava verso Ovest, arrivava in stazione, proseguiva con un altro tornante a destra in tunnel e riprendeva la direzione Est. Rimase in funzione fino al 1960 per uso civile, sempre con le stesse locomotive a vapore.

3.2.2.44. Auer-Ora – Predazzo

Ferrovia con scartamento 0,76 m, con curve di raggio minimo di 60 m e pendenze fino a 4,2%. Vennero impiegate locomotiva Henschel tipo Mallet con rodiggio 1'C'C, con potenza di 447 KW e velocità massima di 40 Km/h. L'originale progetto della ferrovia a scartamento metrico venne adattato alla situazione di guerra. Venne mantenuta però la sagoma adatta alla circolazione di treni a scartamento metrico in previsione di un possibile aumento dello scartamento. Il tracciato tra Cavalese e Predazzo venne spostato nel fondovalle sinistro per tenerlo nascosto dalle postazioni italiane. La stazione di interscambio con la ferrovia del Brennero, ad Auer-Ora era la più grande a scartamento ridotto dell'Impero. La linea passava in 26 Km da 224 m s.l.m. a 1097 m s.l.m. con un dislivello di 873 m. Negli anni '20, venne trasformata a scartamento di 1 m ed elettrificata, mentre il tracciato rimase invariato. Venne chiusa ne 1963.

Illustrazione 53: Forse si tratta di una ferrovia italiana dato il tipo di vagoni simili a quelli usati sulla Feltre - Fastro. I soldati invece dovrebbero essere austro-ungarici. (Da immagine di orig. sconosciuta da Tumblr)

Illustrazione 54: Arten, ferrovia Feltre - Fonzaso, questa foto sembra mostrare una cerimonia ufficiale, forse l'inizio del servizio civile della ferrovia. (da foto di orig. sconosciuta)

3.3. Germania

Nel 1871 la Prussia decise la costituzione di un Battaglione Ferroviario. La Baviera seguì nel 1872. Queste truppe erano addestrate alla guerra come il resto dell'esercito, ma con competenze estese alla tecnica della costruzione e gestione della ferrovia, compresa la costruzione di ponti e tunnel e il servizio telegrafico. Il sistema di ferrovia portatile germanico, in opposizione alla logica del sistema Péchot francese, era basato sulla semplicità e sulla leggerezza. Per avere una locomotiva adeguatamente potente e agile senza dovere usare una macchina articolata, ritenuta troppo delicata, si ricorse a una locomotiva formata dall'accoppiamento dalla parte della cabina, di due macchine uguali a 3 assi. Si ottennero quindi delle locomotive doppie, chiamate Zwillinge, cioè gemelle. Il sistema di binari, pensato per la guerra di conquista, facile da installare, si componeva di pochi elementi di binario: uno dritto di 5 m e 220 Kg, un deviatoio simmetrico, un elemento curvo con raggio di 60 m, anche se probabilmente fin dall'inizio vennero usati anche elementi di geometrie diverse di provenienza industriale. Le rotaie erano alte 0,07 m. Le traverse erano lunghe 1,2 m spaziate tra loro di 0,5 m in rettilineo. Questo sistema venne testato in Germania in alcuni terreni di prova nei quali vennero posati svariati kilometri di ferrovia e nei quali era possibile esercitarsi nella costruzione anche di ponti e traghetti. Venne anche usato nelle colonie africane a partire dal 1897, con la ferrovia Otavibahn di 567 Km da Swakopmund alla miniera di Tsuneb, attraverso il deserto in Namibia. Prima dell'inizio della guerra la Germania aveva costruito e immagazzinato moltissimi kilometri di binario prefabbricato e molto materiale rotabile, tutto standardizzato. In Germania venne provata anche una ferrovia monorotaia Scheil mantenuta in equilibrio da un sistema giroscopico che venne abbandonata immediatamente. All'inizio della guerra tutto il materiale venne installato dove necessario. Non essendo sufficiente il materiale militare, si iniziò a requisire materiale alle industrie private. Il regolamento delle Heeresfeldbahnen era molto dettagliato. Alcuni esempi estratti dal regolamento sono:

+ La velocità della locomotiva su una linea in costruzione è di 10 Km/h e di 12 Km/h nell'esercizio regolare. Se il binario è fisso e il carico bloccato il traffico può essere impostato a 15 Km/h. Durante le manovre o con la locomotiva in spinta non si deve superare gli 8 Km/h a causa del pericolo di deragliamento. Le singole locomotive C (a 3 assi accoppiati, non le Zwillige) possono essere usate a una velocità di 12 km/h quando il carico è fissato e il binario è ben posizionato, in tutti gli altri casi la velocità deve essere ridotta a 8 km/h.

+ La presenza in linea di un treno senza acqua causerà una punizione per tutti i responsabili. L'autonomia idrica delle locomotive Gemelle e Brigadelok, senza tender, era di circa 2 h. Sulle linee esistevano posti di rifornimento ogni circa 45 Km. I serbatoi delle locomotive dovevano essere riempiti più spesso possibile per mantenere un adeguato peso aderente e quindi una forza di trazione conseguentemente elevata. Quindi bisognava approfittare della presenza di torrenti e laghi per rifornire le locomotive.

+ Evitare in tutti i modi i deragliamenti. Se succede va risolto nel più breve tempo possibile, il capotreno deve avvisare immediatamente il gestore della ferrovia del tempo necessario alla risoluzione del problema ed eventualmente chiedere l'intervento del carrello ausiliario. Questo carrello è dotato di argani, pulegge, travi, elementi di binario. Durante il deragliamento bisogna mettere in sicurezza la caldaia della locomotiva, evitare il surriscaldamento del focolare.

+ Il traffico era gestito tramite comunicazioni telefoniche. Per aumentare la capacità della linea si ricorreva a fare circolare più treni nella stessa direzione nella stessa sezione di blocco. In questo caso la distanza tra i treni doveva essere di almeno 400 m. Sulla coda del treno precedente veniva messo un segnale formato da un disco bianco con il bordo nero accanto al normale segnale rosso.

+ Era anche regolamentata la divisione in trochi del treno per potere superare tratti in pendenza. Era previsto di fermare il treno ad un apposito segnale, staccare una parte e proseguire con l'altra fino al superamento della pendenza, parcheggiare i vagoni in una diramazione e tornare con la locomotiva a prendere gli altri vagoni, risalire e agganciare i primi per proseguire.

+ Nel caso di incontro di due treni in linea, normalmente quello carico aveva diritto di avanzare mentre quello vuoto doveva retrocedere fino al punto di incrocio.

Illustrazione 55: Foto di fabbrica delle locomotive gemelle Zwillinge. (da foto di orig. sconosciuta)

3.3.1. Linee

3.3.1.1. Toruń (Thorn) - Raciaz (Racionz)

Illustrazione 56: Fortezza di Toruń e ferrovie in Kujawy. Da "Die Wiederherstellung der Eisenb. auf dem östlichen Kriegsschauplatz"

Thorn, Toruń in polacco, era una città della Prussia Orientale, molto vicina al confine con la Russia. C'era un campo di addestramento dotato di una propria ferrovia tipo feldbahn da 0,6 m. Questa a causa della scarsità di binari venne smantellata per costruire per la ferrovia della fortificazione della città. La sua costruzione della ferrovia verso Racionz venne iniziata nel 1915 e il binario venne posato principalmente sulla strada, dalla quale si separava prima del confine con la Russia seguendo un percorso tortuoso in forte pendenza. Attraversava il fiume di confine Drewenz (Drwęca) con un piccolo ponte. Era direttamente collegata alla ferrovia della fortezza di Thorn. Anche se non ebbe una grande importanza in guerra e anche una limitata dotazione di messi rimase in funzione dopo la fine della guerra per uso civile, principalmente per il trasporto dei prodotti agricoli.

3.3.1.2. Kujawy

Questa regione (ted. Kujawien, ita. Cuiavia), era una zona di coltivazione della barbabietola da zucchero. Molti zuccherifici avevano, similmente a quelli francesi, delle ferrovie portatili per la raccolta delle barbabietole, con scartamenti compresi tra i 0,6 m e i 0,75 m. Più precisamente su un totale di 416 Km di binario, 187 Km erano a 0,6 m e circa 228 Km a 0,75 m. Due ferrovie in particolare risultarono interessanti per l'esercito germanico: una a Mątwy (Montwy) da 0,75 m e l'altra da Kruszwica (Kruschwitz) da 0,716 m, uno scartamento molto insolito.

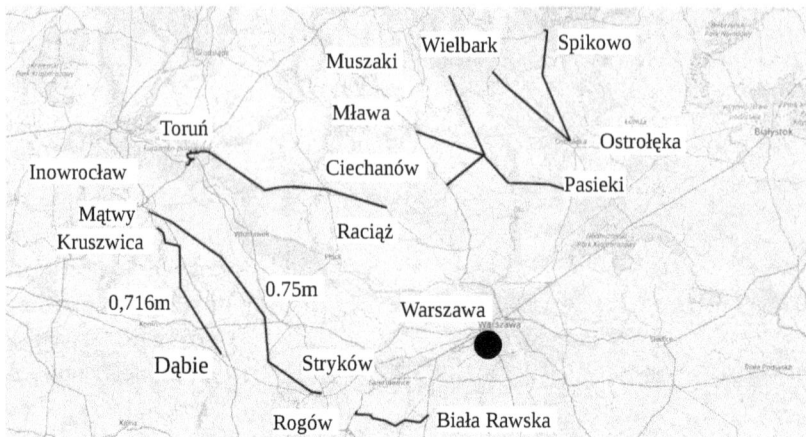
Illustrazione 57: Varie ferrovie germaniche in Polonia.

3.3.1.3. Fortezza di Lötzen (Giżycko)

Fortificazione germanica dotata di circa 120 Km, una estensione veramente stupefacente per una fortezza se il dato è reale, di ferrovia da 0,6 m.

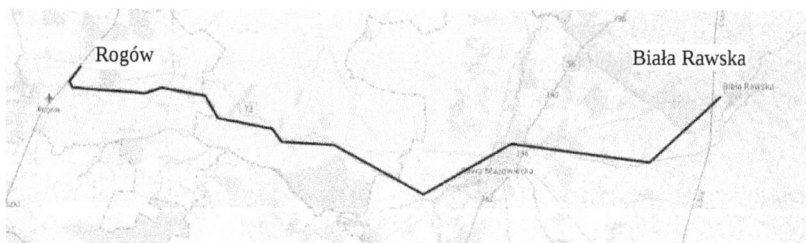
Illustrazione 58: Rogów - Biała Rawska

3.3.1.4. Mława (Mlawa) - Przasznaycz - Pasieki (Paseki)

Entrò in funzione nel 1915, dopo il 1918 venne gestita dalle PKP (Polskie Koleje Państwowe - Ferrovia Statale Polacca) per il trasporto pubblico. Fu necessario costruire un ponte lungo 240 m. Tra i dati trovati c'è la capacità di trasporto di 1275 t di merce al giorno in verso il fronte e 17 treni di soldati feriti nel verso contrario. Le distanze di alcune stazioni da Mlawa erano: Przacznycz 44 Km, Mlodzianowo 62 Km e Rozan 85 Km.

3.3.1.5. Spychowo (Puppen) - Myszyniec

Nel 1915 venne costruita questa ferrovia da 0,6 m allo scopo di collegare Spychowo (Puppen) a Myszyniec, a quel tempo nella Polonia Russa, attraversando il confine a Rozogi (Friedrichshof). Alla fine della guerra venne inserita nella rete delle ferrovie polacche statali PKP, la trazione era effettuata con alcune locomotive Brigadelok.

3.3.1.6. Mątwy (Montwy) – Stryków

3.3.1.7. Kruszwica (Kruschwitz) - Dąbie (Dombie)

3.3.1.8. Ivatsevichy / Івацэвічы - Ка́мінь-Каши́рський (Kamień Koszyrski)
Percorso Ivatsevichy / Івацэвічы – Ivanava / Іванава (Ivanovo) - Ка́мінь-Каши́рський / Камінь-Каширський (Kamień Koszyrski) . Attualmente in Bielorussia e Ucraina, erano linee con pochi mezzi. Dopo la guerra vennero gestite dalle ferrovie statali polacche PKP con locomotive Brigadelok.

Illustrazione 59: Stazione di interscambio di Lauksargiai, si nota una semi-unità di locomotiva Zwillinge usata come una locomotiva singola. (Particolare da foto di origina sconosciuta)

3.3.1.9. Rogów (Rogow) - Biała Rawska
Costruita tra febbraio e marzo 1915, pare che al disgelo primaverile il binario affondasse nel fango rendendola inutilizzabile.

3.3.1.10. Wielbark (Willenberg) - Ostrolenka
Venne costruita per sostituire un ferrovia a scartamento standard che sarebbe stata costruita successivamente, ma in tempi ovviamente più lunghi. Lunga 109 Km, costruita tra marzo ed agosto 1915. Il capolinea di Wielbark era lontano dalla stazione delle ferrovia standard, probabilmente per lasciare il terreno libero per i lavori di costruzione della ferrovia a scartamento standard. Aveva una capacità giornaliera di 725 t di rifornimenti.

3.3.1.11. Lauksargiai (Laugszargen) - Kelmė (Kielmy)
Attualmente in Lituania. Linea di 78 Km, iniziata a maggio 1915 in seguito alla avanzata germanica in Lituania. Comprendeva 100 ponti e molti terrapieni. Il ponte sul fiume Jūra (ted. Jura.) era lungo 155 m e alto 9 m. Era stata stimata una capacità di trasporto di 1500 t che non venne mai raggiunta. Alcune alluvioni danneggiarono a dicembre 1915 il ponte sul Jūra e a gennaio 1916 venne eroso un rilevato alto 3 m per una lunghezza di 120 m.

3.3.1.12. Muszaki (Muschaken) – Przasnycz

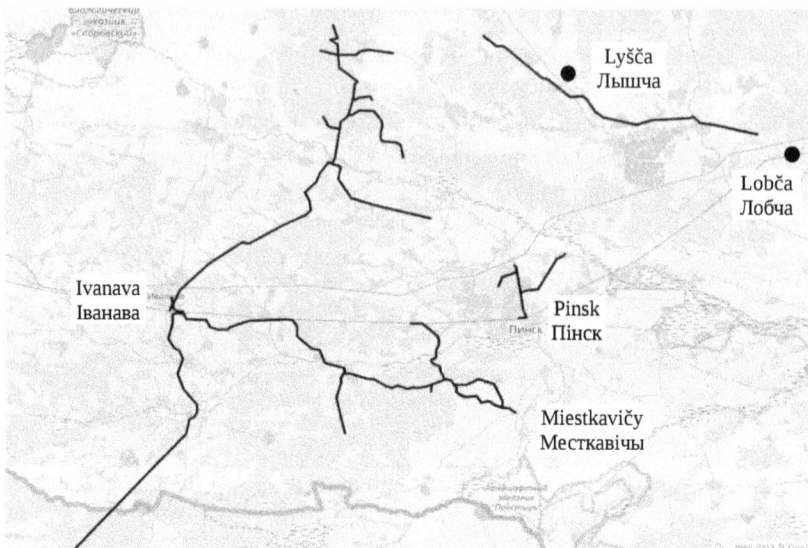

Illustrazione 60: Ferrovie germaniche in Bielorussia e Ucraina.

3.3.1.13. Bełżec (Belzek) - Trawniki

Per supportare una grande avanzata, nel giugno 1915, l'esercito germanico fu costretto a costruire velocemente questa ferrovia di 120 Km, per rifornire il fronte di combattimento. Ancora in costruzione poteva trasportare 700 t al giorno e quando finita 1000 t. Il 20 agosto le piogge danneggiarono la linea. Vi erano utilizzate delle locomotive a 4 assi accoppiati, Brigadelok, a volte anche con il tender. Vi circolavano fino a 6 treni giornalieri per feriti, ognuno con 8 vagoni da 12 barelle ciascuno. Finito l'utilizzo bellico venne usata per il trasporto pubblico.

3.3.1.14. Pinsk / Пінск

Intorno a Pinsk venne costruita nel 1915 una piccola ferrovia di circa 2 Km.

3.3.1.15. Šiauliai (Schaulen) - Biržai (Birzai)

Ferrovia in Lituania.

3.3.1.16. Meitene (Meiten) - Bauska (Bausk)

Attualmente in Lettonia.

3.3.1.17. Ferrovie sulla Daugava-Dvina Occidentale

Varie linee a Sud-Est di Riga. La principale fu Vecumnieki (Neugut) - Mercendarbe (Merzendorf), in seguito, settembre 1916, venne estesa fino a Ikšķile (Üxküll) con un ponte sulla Daugava. Il ponte sulla Daugava (ted. Düna), probabilmente un ponte su cavalletti di legno con una parte mobile per il passaggio delle navi, venne distrutto da una alluvione nel dicembre 1916. Da la linea venne prolungata, con alcune diramazioni fino alle località di Kranzen, Kängerste e Langenhof. Non sono riuscito a trovare i nomi attuali di queste località, che dovrebbero trovarsi a Est di Riga entro metà distanza tra questa e Cēsis (Wenden).

Illustrazione 61: Ferrovie nel Baltico.

3.3.1.18. Ignalina - Відзы (Vidzy)

Collegava in 15 Km circa Ignalina, (Yid. איגנאלינע), attualmente in Lituania e Vidzy / Відзы in Bielorussia.

3.3.1.19. Lago Dryswiati

Forse si tratta del lago Drīdzis, in Lituania. Su questo lago funzionava un servizio di trasbordo con una chiatta a motore che poteva caricare 3 vagoni di una feldbahn. Non ho trovato dati su quale ferrovia da campo servisse questo lago.

3.3.1.20. Selez - Sljankow

3.3.1.21. Rokiškis (Rakischki) - Aknīste (Oknista)

Su questa ferrovia erano in servizio sia Brigadelok a 4 assi sia locomotive Gemelle.

3.3.1.22. Švenčionys (Swenzjany)

Nella zona di Švenčionys i dati riguardo le ferrovie da campo è incerta perché le ferrovie a scartamento di 0,75 m Švenčionys – Panevezys (Poniewicz) e quelle del lago Dryswiaty vennero gestite dall'esercito germanico con il materiale presente e integrate con altre ferrovie costruite al momento.

3.3.1.23. Skopje / Скопје – Ohrid / Охрид

Ferrovia in Macedonia. Collegava Skopje (alb. Shkup) con Ohrid (alb. Ohri, ital. Ocrida). Ferrovia con una lunghezza di 164 Km a scartamento di 0,6 m costruita a iniziare dall'estate del 1916 dall'esercito bulgaro, che occupava la zona, ma con materiale germanico. Rimasta in funzione fino agli anni 1960 per uso civile.

3.3.1.24. Gradsko / Градско – Prilep / Прилеп – Bitola / Битола

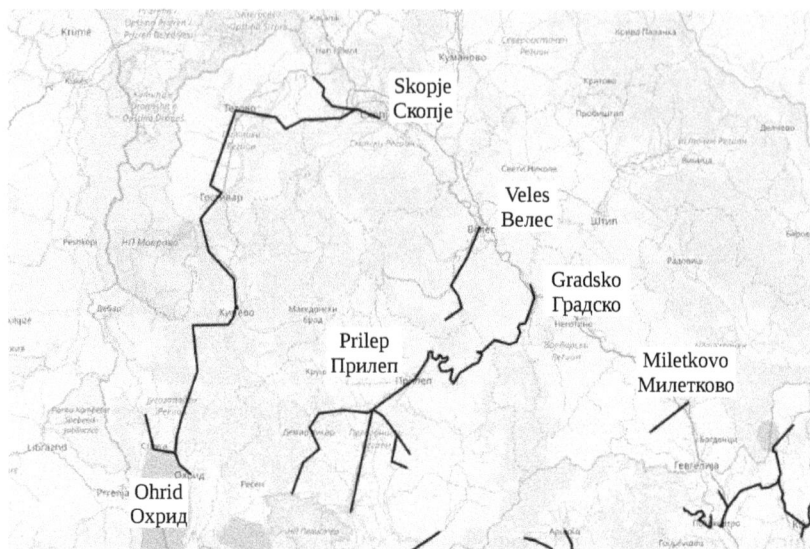

Illustrazione 62: Ferrovie in Macedonia e Grecia.

Si trattava di un gruppo di ferrovie costruite per sezioni successive e integrate da teleferiche. Alla costruzione partecipò anche la fanteria Bulgara. Probabilmente una ferrovia raggiungeva il villaggio Dolno Dupeni / Долно Дупени, sul lago Prespa (mac. Преспанско Езеро; alb. Liqeni i Prespës, Gre. Μεγάλη Πρέσπα). La prima ferrovia da Gradsko, stazione di scambio con la ferrovia standard, fino a Drenovo / Дреново di 20 Km costruita velocemente in circa un mese tra febbraio e aprile 1916. Il successivo tratto di 10 Km fino al passo Pletvar / Плетвар risultò estremamente difficile a causa del terreno montuoso e quindi si costruì velocemente una teleferica per superare

Il passo anche se questo sistema era meno efficace della ferrovia leggera. Infatti poco dopo si dovette costruire un'altra teleferica sullo stesso percorso per aumentare la capacità di trasporto su questo percorso.

A partire da dicembre 1917 venne costruita la ferrovia da Pletvar a Prilep, di 23 Km con pendenze fino al 30 ‰. Nel febbraio 1917 la linea di 45 Km fino a Prilep venne completata. Il ponte sul fiume Crna era lungo 800 m. Già a novembre 1916 trasportava, sul tratto in uso, 650 t e 1000 uomini al giorno. La trazione era fatta con locomotive germaniche Brigadelok a 4 assi accoppiati. Il tempo di viaggio tra i capolinea era di 24 h. Era integrata con alcune teleferiche. Era una ferrovia di montagna con curve strette fino a 30 m. Avena due diramazioni, una verso

Kanatlarci / Канатларци di 53 Km e una verso Berancs, luogo non identificato, di 12 Km.

Illustrazione 63: Prilep. (Da foto di orig. sconosciuta)

Sempre in Macedonia, a causa delle difficoltà di trasporto sulle montagne vennero costruite teleferiche anche sui percorsi Demir Kapija / Демир Капија - Rozhden / Рожден di 38 Km e Demir Kapija / Демир Капија - Konopishte / Конопиште.

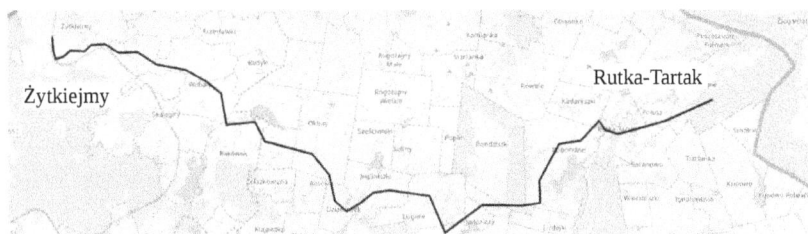
Illustrazione 64: Żytkiejmy – Rutka-Tartak

3.3.1.25. Veles / Велес – Stepanci / Степанци
Ferrovia con un percorso di 52 Km e 70 Km di binario totale. Costruzione iniziata a gennaio 1917 e completata a luglio 1917, pendenza massima di 33°/oo

3.3.1.26. Miletkovo / Милетково – Sermenin / Серменин
Ferrovia a cavalli di 13 Km.

3.3.1.27. Kanatlarci / Канатларци – Musinci / Мусинци
Ferrovia a cavalli di 12 Km.

3.3.1.28. Żytkiejmy (Szittkehmen) – Rutka-Tartak
Heeresfeldbahn n°22. Entrò in sevizio nel 1915 e venne usata fino alla Seconda Guerra Mondiale.

3.3.1.29. Невское / Nevskoye (Pillupönen) – Gražiškiai (Grażyszki)
Identificata come Heeresfeldbahn n°21. Attualmente si troverebbe tra l'Oblast (Regione) di Kaliningrad, Russia, e la Lituania. Lo scartamento era di 0,75 m con

87

rotaie alte 80 mm, la lunghezza 31 km. Rimase in servizio tra il 1915 e il 1918. Vi erano in servizio 4 locomotive a 2 assi, 15 vagoni chiusi a carrelli e 15 a 2 assi, 4 vagoni piani e 4 per il trasporto di legname. Oltre a questi c'erano 12 vagoni a cassa ribaltabile e 1 vagone per passeggeri.

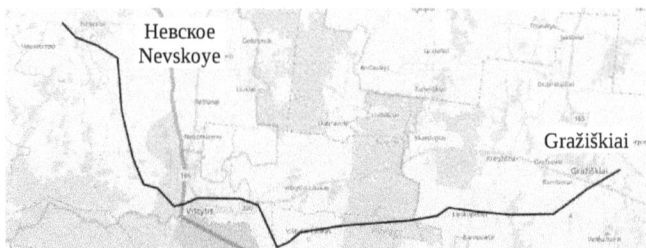

Illustrazione 65: Невское / Nevskoye – Gražiškiai

3.3.1.30. Radomir/Радомир – Marino Pole/Марино поле

Ferrovie in Bulgaria, costruita tra il 1916 e il 1917, che attraversava la gola Kresna (Кресненско дефиле), sul fiume Struma (bul. Струма, gre. Στρυμόνας). Costruita con materiale germanico. Vi viaggiavano sia locomotive a Brigadelok che Zwillinge.

Illustrazione 66: Tracciato approssimativo della ferrovia Radomir – Marino Pole.

3.4. Francia

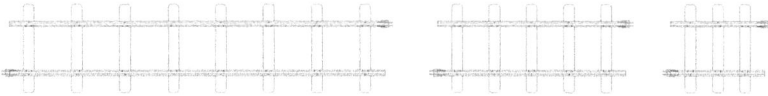

Illustrazione 67: Elementi di binario francese di lunghezza di 5 m, 2.5 m e 1.25 m..

Il sistema Péchot, dal nome del capitano d'artiglieria (Altre fonti riportano il grado di colonnello) Prosper Péchot che lo progettò in collaborazione con Paul Decauville, è un insieme di binari e veicoli pensati appositamente per l'uso militare e bellico. Ne risultò un sistema completo, chiamato "1888".

L'ingegnere Charles Bourdon ne studiò la locomotiva e molti dettagli tecnici. Il sistema era stato pensato principalmente per l'utilizzo all'interno delle grandi linee di difesa e nelle loro vicinanze. Venne quindi studiato pensando a renderlo robusto anche a discapito della leggerezza e semplicità.

Elementi di binario tipo 1888				
Lunghezza degli elementi m	Peso degli elementi rettilinei o curvi con traverse metalliche Kg			Note
	Semplici	Con controrotaie	Con controrotaie con supporto	
5	167	237	290	Peso della rotaia
2,5	93	128	170	9,5 Kg/m Peso del binario
1,25	51	68	89	34 t/Km

I manuali militari riguardanti le ferrovie "a voie de 60" indicano come buone caratteristiche di queste ferrovie la rapidità di posa in opera, l'adattabilità del percorso, raggio di curvatura che può scendere fino a 20 m e il limitato ingombro laterale. Tra i difetti si elencano la bassa velocità, anche se si fa notare che sulle ferrovie da 0,6 m del Marocco le draisine viaggiano fino a 60 Km/h, e la limitata capacità di trasporto, 1/10 di quella di una ferrovia a scartamento normale. Durante la guerra quasi sempre queste ferrovie vennero posate lungo le strade.

Le rotaie erano da 9,5 Kg/m su traverse metalliche. Esistevano anche elementi progettati per l'uso sulle strade carrabili, con controrotaie ed elementi per le strade pavimentate, con rotaie e controrotaie rialzate dal piano della traversina, per permettere di annegare il binario nella pavimentazione stradale.

Oltre al materiale tipo 1888 i francesi usarono anche altri elementi:

- Binario rivettato Decauville, praticamente uguale a quello tipo 1888

- Binario italiano, con rotaie libere e traverse "canalizzate" per renderle più robuste
- Binario germanico, con traverse grandi e di forma bombata

$$R = 20 \text{ m} - 18°$$
7500

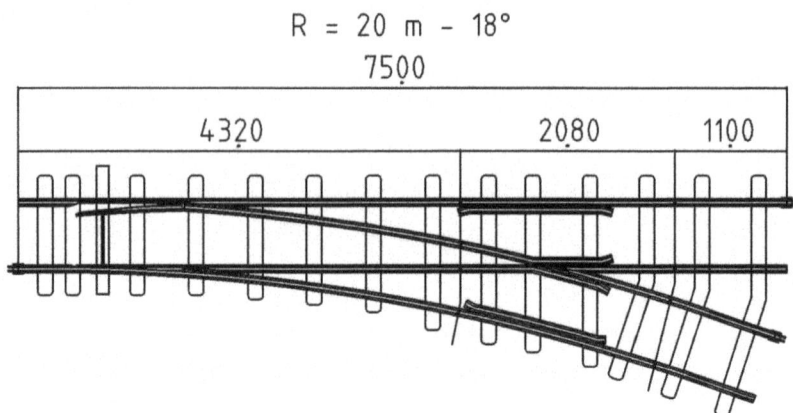

Illustrazione 68: Deviatoio francese con raggio di 20 m. Si nota che era formato da 3 elementi separabili ognuno di massa adatta ad essere spostati da pochi uomini: uno scambio intero sarebbe stato troppo pesante.

Il sistema 1888 comprendeva 2 deviatoi destri e 2 sinistri, di raggio di curvatura di 20 m o 30 m. Erano formati da 3 o 4 elementi distinti facilmente trasportabili e la loro lunghezza totale era un multiplo di 1,25 m in modo da potere essere inseriti ad altri elementi di binario già posati. Gli aghi ruotavano grazie al gioco lasciato dalla giunzione verso le rotaie fisse.

$$R = 30 \text{ m} - 14.5°$$
8750

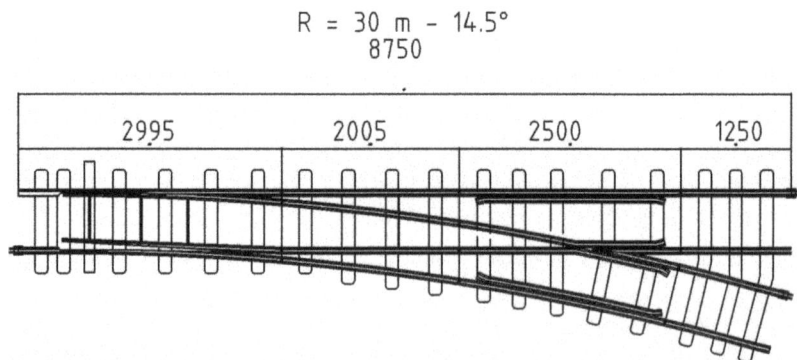

Illustrazione 69: Deviatoio francese con raggio di 30 m. Questo tipo era formato da 4 elementi distinti.

Esistevano elementi dritti di diverse lunghezze e curvi di diversi raggi di curvatura, deviatoi e piattaforme girevoli e altri elementi. La base del sistema dei veicoli era

90

costituito dai carrelli "Artillerie 1888", era un carrello pesante e robusto, con gli assi che poggiavano su sospensioni molleggiate, avevano il sistema frenante. Potevano lavorare singolarmente o essere uniti tra loro tramite una barra in grado di ruotare rispetto ai carrelli per potere trasportare carichi pesanti o ingombranti. I pesi trasportabili erano:

tipo carrello	1 carrello	2 carrelli	4 carrelli
2 assi	5 t	10 t	18 t
3 assi	9 t	18 t	36 t
4 assi	12 t	24 t	48 t

L'insieme di due carrelli a due assi che sostenevano un telaio, costituiva il veicolo a carrelli base sul quale costruire vagoni dei vari tipi necessari ai trasporti militari: piatti, con sponde alte, chiusi, cisterna, attrezzati con officine o infermerie. Questi potevano caricare fino a 8 t.

Nell'uso in guerra i carrelli Pechot risultarono comunque troppo complessi e di difficile costruzione, quindi Decauville fornì una serie di carrelli più semplici e leggeri, più adatti all'uso militare. Erano dotati di sospensioni elastiche, freno e supporto rotante per poter formare vagoni a carrelli.

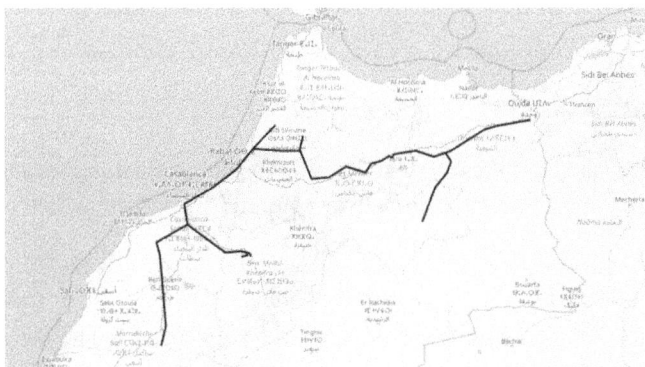

Illustrazione 70: Schema delle ferrovie militari francesi a scartamento di 0,6 m in Marocco nel 1923, altre ferrovie erano in costruzione.

Riguardo le ferrovie locali non venne fatto nulla per uniformarle tra loro in funzione di un utilizzo in guerra. Le ferrovie militari del Marocco, pur con lo stesso scartamento di quelli militari in patria, non utilizzavano mezzi standard dell'esercito e quindi l'esperienza fatta nel loro esercizio non poté essere utile al momento della guerra. I germanici operarono in maniera completamente diversa, standardizzando al massimo ogni elemento del sistema ferroviario.

Nel corso della guerra si fece uso anche di carrelli Decauville di produzione industriale a due assi, più semplici dei Péchot. Anch'essi andarono a costituire la base per carri a carrelli di vario tipo.

Il sistema, come già scritto era stato progettato per una guerra di posizione, ma da aprile 1915, l'esigenza di rifornire il fronte in avanzata fece utilizzare queste ferrovie su linee costruite velocemente in campo aperto. Vennero ordinati 5 tipi di locomotive;

- Locomotiva francese 1888 (Pechot-Bourdon)
- Locomotiva francese Decauville
- Locomotiva inglese Kerr-Stuart
- Locomotiva americana Baldwin
- Locomotiva americana 1888 (Baldwin)

In seguito vennero ordinate delle locomotive con motore a combustione interna: Schneider e Crochat.

Una tabella riassume l'evoluzione delle ferrovie francesi a scartamento di 0,6 m durante la guerra

	1915	1918
Locomotive a vapore	100	480
Locomotive a motore	0	260
Vagoni	600	6200
Binario posato o in magazzino	700 Km	3800 Km
Ufficiali		320
Soldati		21000

Riguardo la capacità di trasporto della ferrovia leggera, si ricorda che la linea Cerisy – Bray – Cappy il 6 luglio 1916 arrivò a trasportare 1500 t di munizioni in 24 ore.

3.4.1. Linee

Sul fronte occidentale vennero costruite, distrutte e ricostruite una tale quantità di ferrovie che risulta impossibile disegnare una mappa completa. Lo stesso vale riguardo l'esercito germanico.

3.4.1.1. Grecia

Di seguito sono riportate alcune linee costruite o gestite dagli inglesi o dai francesi nella Grecia settentrionale.

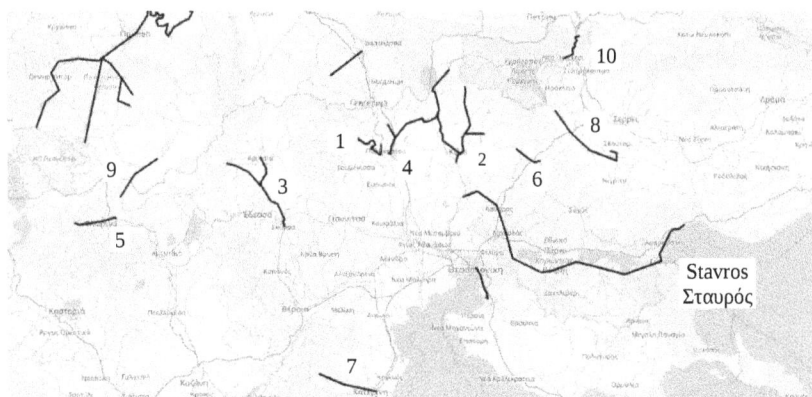

Illustrazione 71: Ferrovie in Grecia. 1 Kodza Déré Κοτζα Ντερέ, 2 Kilkis Κιλκίς, 3 Skydra Σκύδρα, 4 Sarigol, 5 Mesonisi Μεσονήσι, 6 Likovan Λαχανάς, 7 Katerini Κατερίνη, 8 Kopriva Χείμαρρος, 9 Marina Μαρίνα, 10 Vetrina Νέο Πετρίτσι

3.4.1.2. Sarigol - Snevce

Costruita nel 1916 con una lunghezza di 32,6 Km e scartamento di 0,6 m da Sarigol (vicino Kilkis, Κιλκίς), sulla linea ferrovia standard, a Snevce (vicino Kentriko, Κεντρικό). Inizialmente risultò inaffidabile a causa del terreno accidentato e franoso, ma essendo le strade della zona non adatte al traffico pesante rimase l'unico mezzo di rifornimento della zona. Dall'ottobre del 1917 la linea viene ricostruita in maniera più accurata e con rotaie più pesanti ottenendo una maggiore affidabilità.

Venne estesa nel gennaio 1918 con forse due diramazioni, una di circa 10 Km verso Terpillos (Τέρπυλλος) e una di circa 11 Km da Gramatna (Ευκαρπία) a Rajanovo (Ραγιάνοβο, Βάθη, vicino a Kroussa, Κρούσσα, Крушa). Non è chiaro se queste due diramazioni siano la stessa indicata con nomi diversi o sempre la stessa modificata durante l'uso Entrò in servizio nel gennaio 1918. Nel febbraio 1918 venne aperta un'estensione di 3,8 Km da Snevce fino a Kará Mamutlí (Mavroplagia, Μαυροπλαγιά). Vi erano in uso locomotive Decauville.

3.4.1.3. Guvesne (Άσσηρος) - Stavros (Σταυρός)

Givezne/Guvesne (Άσσηρος, Assiros, Гроздово) - Stavros (Σταυρός). Venne completata fino a Guvesne partendo da Stavros, nell'aprile 1918. Il collegamento con la ferrovia a scartamento standard era fatto a Guvesne, su una linea ora smantellata o a Gallikos Γαλλικός, sulla linea Salonicco – Istanbul, con un suo prolungamento da Guvesne. Venne progettato un collegamento tra Stavros e Angitis (Αγγίτης), sulla ferrovia Salonicco – Istanbul. Rimase in funzione per uso civile fino al 1947, vi circolava un treno misto al giorno per ognuna delle due direzioni.

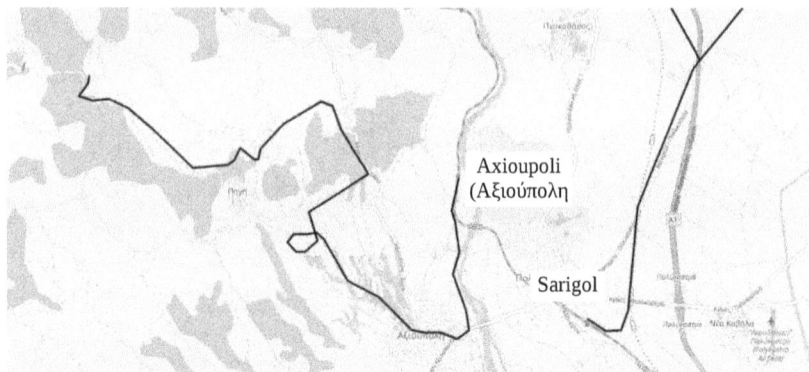

Illustrazione 72: Kodza Déré e Sarigol.

3.4.1.4. Valle del Kodza Déré (Κοτζα Ντερέ)

Ferrovia con scartamento di 0,6 m costruita nel 1917, che partiva dalla stazione di Axioupoli (Αξιούπολη, fino al 1927 chiamata Boymitsa, Боймица, Μποέμιτσα) e risaliva per 13,5 Km la valle del fiume Kodza Déré, fino a una stazione chiamata Albero Nero (μαύρο δένδρο). Costruita dai francesi, il percorso comprendeva un tratto a spirale per guadagnare quota. Vi erano usate locomotive Pechot. Dalle foto sembra che fosse armata sia con traverse di legno e non con elementi prefabbricati.

3.4.1.5. Skydra - Subotcko

Skydra (Σκύδρα, Vertekop) - Aridaia (Αριδαία, Subotcko). Pare che due locomotive usate su questa ferrovia sono ancora (2010) esistenti in Grecia. Una francese ad Atene e una americana a Volos, ambedue in cattive condizioni.

3.4.1.6. Mesonisi - Florina - Armensko

Mesonisi (Μεσονήσι) - Florina (Φλώρινα, Lerin, Лерин, Follorinë) – Alona (Άλωνα, Armentsko). Ferrovia con scartamento di 0,6 m. Questa ferrovia, contrariamente alle altre elencate qui, è stata costruita dai serbi ed era parte di un sistema di trasporto che comprendeva una teleferica verso Pisoderi (Πισοδέρι).

3.4.1.7. Katerini (Κατερίνη) - Dranista

Ferrovia costruita per collegare una miniera di carbone alla ferrovia a scartamento standard.

3.4.1.8. Janesh - Gugunci

3.4.1.9. Spancovo - Oreovica

3.4.1.10. Likovan - Mirova

Lingovani, Lachanas, Λαχανάς – Mirova (Eliniko, Ελληνικό, Mirovo, Мирово).

3.4.1.11. Kopriva – Dimitrici – Gudeli

Chimarros (Χείμαρρος, Kopriva, Коприва) – Dimitrici (Dimitritsi, Δημητρίτσι, Димитрич) – Gudeli (Vamvakoussa, Βαμβακούσσα, Гудели).

3.4.1.12. Vetrina – Fort Rupel

Vetrina (Neo Petritsi, Νέο Πετρίτσι) – Fort Rupel (Ρούπελ)

3.4.1.13. Serres (Σέρρες) - Sosandra (Σωσάνδρα)

Percorso Serres (Σέρρες) - Gumus Dere Skydra (Σκύδρα) – Aridea (Αριδαία, Съботско, S'botsko) – Sosandra (Σωσάνδρα). Linea costruita a partire da luglio 1916 e completata in 5 mesi dai francesi fino a Aridea. Estesa nel 1918 fino a Sosandra. Nel 1918 venne costruita una diramazione da Apsalos (Αψαλος) ad Orma (Όρμα). Alla costruzione di queste linee collaborarono anche genieri italiani. La capacità di trasporto di queste linee raggiunse le 600 t/g, trasportò 600 cannoni e 85000 uomini su un percorso di circa 30 km.

3.4.1.14. Marina (Μαρίνα) – Skochivir (Скочивир)

I due capolinea si trovano attualmente in Grecia e Repubblica di Macedonia (del Nord). Collegava la ferrovia standard al fronte sulle montagne.

3.4.1.15. Giannina (Ἰωάννινα)

3.4.1.16. Salonicco

Linea di circa 5 Km che collegava il porto di Salonicco,ingrandito per motivi militari, al magazzino. Costruita dagli inglesi alla fine del 1916.

Illustrazione 73: Ferrovia in Grecia con locomotiva francese Decauville. Tutte le foto avendo più di 100 anni sono di libero utilizzo.Tutte le foto avendo più di 100 anni sono di libero utilizzo.

3.5. Regno Unito

All'inizio del XX il Regno Unito era la più grande potenza coloniale. L'esercito aveva già molta esperienza nell'uso della ferrovia per scopi militari. Anche l'Esercito Britannico nella guerra di Crimea costruì sul posto una ferrovia, aveva una lunghezza di circa 10 Km e collegava il porto di Balaclava a Sebastopoli e aveva una capacità di 700 t al giorno. Pur risultando un utile strumento logistico, risultò complessivamente poco influente nel combattimento.

Illustrazione 74: Locomotiva Dick Kerr con un carro adattato al trasporto di cannone. (Da foto di orig. sconosciuta da Tumblr)

Nel 1867 i Genieri Reali (Royal Engineers) e il Genio dell'Esercito Indiano (Indian Army Engineers) posarono 19 Km di ferrovia in Abissinia tra Zula sul Mar Rosso e l'entroterra. Durante la Campagna del Sudan, tra il 1896 e il 1898 i Genieri Reali (Royal Engineers) costruirono circa 560 Km di ferrovie. Nelle colonie erano state costruite ferrovie per motivi sia di sviluppo economico che di controllo del territorio. Non era però stato progettato un proprio sistema di ferrovie portatili da utilizzare direttamente sul fronte di combattimento. Dei vari tipi provati in patria nessuno venne prodotto in grande quantità. Dal 1874 vennero iniziate delle prove a South Camp, Aldershot, per verificare il sistema sviluppato da J. B. Fell, che usava binari prefabbricati. Il risultato non fu soddisfacente e venne quindi abbandonato.

I Royal Engineers avevano 2 Compagnie Ferroviarie, stabilite all'inizio del XX secolo in conseguenza delle Guerra Boera, 1899 – 1902, in Sud Africa. L'impostazione di un sistema di ferrovie leggere partiva dalla scelta dello scartamento di 2' 6" (761 mm) come compromesso tra leggerezza e capacità di trasporto. Presso la base di Longmoor esisteva un impianto completo con questo scartamento con anche locomotive sperimentali con motore a combustione interna.

In quegli stessi anni l'Esercito seguì anche gli esperimenti di Sir Arthur Percivall Heywood, che nella sua proprietà a Duffield Bank a partire dal 1874 costruì e compì prove tecniche su una ferrovia a scartamento di 15" (0,381 m), che egli riteneva utilissima per l'uso militare. L'origine di questo scartamento viene spiegata dallo stesso Heywood come ispirata dalle prove di Decauville in Francia, che definì lo scartamento di 0,4 m come il minimo per le sue ferrovie portatili con trazione animale. Lo scartamento di 9" (0,229 m), provato su una ferrovia a Doveleys, vene giudicato adeguato per la trazione meccanica, a vapore, ma insufficiente in stabilità nel caso di trasporto di persone. La ferrovia sperimentale di Heywood aveva una struttura di tipo permanente, non basata su elementi prefabbricati come il sistema di Decauville, la costruzione avveniva come per un ferrovia stabile a scartamento normale, montata sul posto, con rotaie e traverse. Anche la ferrovia di Heywood non venne ritenuta adatta all'uso militare. Alcune delle locomotive di Heywood avevano un sistema di articolazione degli assi motori simile a quello usato in Germania per le Brigadelok per facilitare la circolazione sulle curve strette. A seguito degli esperimenti di Heywood, nel 1896 entrò in servizio la ferrovia pubblica Eaton Hall Railway, con una lunghezza di circa 7 Km che rimase in funzione fino al 1946. Attualmente questo scartamento è usato solo per ferrovie turistiche o all'interno di parchi pubblici. Nel sud dell'Inghilterra la ferrovia Romney, Hythe & Dymchurch Railway è lunga 21 km ed è ufficialmente una linea di trasporto pubblico e, nel corso della Seconda Guerra Mondiale, è stata utilizzata per trasportate attrezzature militari lungo la costa e vi circolava anche un treno armato per la difesa della costa.

L'Esercito Britannico utilizzava una ferrovia a scartamento di 18" (0,45 m) all'interno di alcune istallazioni militari, come l'Arsenale di Woolwich, ma non aveva costruito materiale per l'uso diretto in guerra. Probabilmente a causa di una eccessiva fiducia nelle capacità dei trasporti stradali. Si credeva inutile e dispendioso impiantare linee ferroviarie di collegamento verso un fronte di guerra che si supponeva in rapido spostamento, che sarebbero presto rimaste indietro rispetto all'avanzare dei combattimenti. La realtà si rivelò molto diversa da come se l'aspettavano i comandanti. Col manifestarsi delle difficoltà logistiche sul campo, l'adozione delle ferrovie a scartamento di 0,6 m, identiche a quelle francesi, si dimostrò la soluzione migliore.

Nel 1909 venne testata anche la monorotaia Brennan. Su si essa i veicoli si appoggiavano tramite ruote con doppio bordino. Venivano tenuti in equilibrio tramite dei giroscopi. Il progetto venne abbandonato.

Nei primi anni del XX secolo, venne provato, presso la sede del Genio, in trattore con un motore a combustione interna Wolseley con scartamento di 1' 6" o forse 2' 6", che pare risultò molto interessante.

Con l'inizio della guerra di posizione si sviluppò anche un sistema di "trench tramways", binari per trincea, un sistema molto leggero di binari e piccoli carrelli spinti a mano, capace di entrare letteralmente nelle trincee. Pur avendo lo stesso scartamento delle altre ferrovie portatili, a causa della leggerezza strutturale e ristrettezza dimensionale, non era compatibile con le altre ferrovie portatili di guerra. A partire da metà 1916 venne ordinata una grande quantità di materiale ferroviario a scartamento di 0,6 m: 1600 Km di binari da 9 Kg/m (20 lb/yd), 700 locomotive a vapore, 100 locomotive benzina-elettriche e 2800 vagoni. Questo grosso ordine avvenne però quando le industrie erano già impegnate per la costruzione di attrezzatura ferroviaria per la Francia e quindi venne acquistato molto materiale negli Stati Uniti.

Riassumendo la situazione dei britannici si più dire che all'inizio della guerra erano i meno preparati all'installazione di un sistema di ferrovia leggera, ma che dopo un avvio faticoso organizzarono il migliore servizio di trasporto con treni e ferrovie leggere verso il fronte.

Illustrazione 75: USA, Camp Humphreys, Virginia. Ferrovia di prova.

Illustrazione 76: Draisina americana con motore a benzina. (da foto di orig. sconosciuta)

3.6. USA

Con l'entrata in guerra degli Stati Uniti, il loro esercito si trovò ad affrontare la guerra di trincea o statica. Era un tipo di guerra praticamente sconosciuta, le guerre americane era state sempre combattute in movimento, con la cavalleria, le fortificazioni americane erano quasi sempre degli avamposti in terreni aperti senza quasi popolazione. Il problema dell'approvvigionamento era da affrontare con strumenti nuovi. I nuovi pezzi di artiglieria necessitavano di essere continuamente riforniti di grandi e pesanti proiettili. Tutti i rifornimenti arrivavano dai magazzini e dai porti nelle vicinanze dei combattimenti tramite le ferrovie a scartamento normale. Gli americani al loro arrivo trovarono già un uso un grande sistema di ferrovie leggere a scartamento di 0,6 m. Per addestrare le truppe all'uso di questo sistema di trasporto vennero costruite delle ferrovie di prova in alcuni centri di addestramento. Questi erano a Fort Benning (Georgia) vicino Columbus, Fort Sill (Oklahoma) vicino Lawton, Fort Benjamin Harrison (Indiana) nella Contea di Marion, Fort Dix (New Jersey) a circa 25 Km a Sud di Trenton e Camp A.A.Humphreys, attualmente chiamato Fort Belvoir (Virginia) nella Contea di Fairfax. Quest'ultimo era dotato anche di un pontile sul fiume Potomac per il trasferimento dei treni sulle barche.

Anche gli americani svilupparono un proprio sistema di ferrovie costituite da elementi prefabbricati con rotaie da 8 e 12 Kg/m che fosse compatibile con le ferrovie già in uso in Europa. Venne costituita un'unità specializzata il 21° Engineers (Light Railway) a Rockford, Illinois.

La zona di esercizio assegnata era a Nord Ovest di Toul, dove gradualmente gli americani rilevarono e integrarono le linee prima esercite dai francesi. Per coordinare meglio il lavoro e l'esercizio di ferrovie e strade venne costituito il Department of Light Railways and Roads che comprendeva il 21°, per le ferrovie, e il 23° per le strade.

La progettazione dei veicoli e dei binari fu influenzata dall'esperienza maturata dalla fornitura di materiale ferroviario leggero per la Francia e il Regno Unito. Il materiale costruito per l'Italia, le locomotive Porter, erano invece prodotti scelti dal catalogo dell'industria civile e forse solo parzialmente adattati all'uso militare. La stessa cosa vale anche per i mezzi forniti alla Russia.

3.7. Russia

La Russia iniziò la costruzione di ferrovie nel 1837 con la linea Sanpietroburgo - Tsarskoye Selo. Lo sviluppo della rete ferroviaria avvenne poi in maniera non omogenea. Dall'inizio del XX secolo lo Stato Maggiore dell'Esercito intervenne in maniera più decisiva sulle scelte riguardanti la costruzione di nuove ferrovie nelle zone di confine, spingendo per la costruzione di quelle ritenute più utili per il concentramento di uomini e mezzi e impedendo la costruzione di quelle ritenute pericolose in caso di invasione.

Illustrazione 77: Ferrovia portatile russa, probabilmente a scartamento di 1 m, durante una esercitazione nel 1913. Si notano la giunzione tipo Dolberg e le traverse metalliche non lisce per maggiore robustezza. (Da foto di orig. sconosciuta)

All'inizio della guerra, la rete ferroviaria russa aveva questi problemi:
+ Non copriva il territorio in maniera adeguata, la densità per Km2 era 12 volte inferiore a quella degli stati occidentali. L'82 % delle ferrovie erano concentrate nella parte europea dello Stato.
+ Era arretrata e con armamento leggero e molto sfruttata. Erano soggette a un alto grado di guasti.
+ Poco standardizzate, ogni società costruttrice aveva scelto caratteristiche proprie senza pensare all'interconnessione con quelle di altre società.
Questi problemi rallentarono di molto la mobilitazione, a volte per arrivare alla ferrovia i soldati dovevano viaggiare anche fino a 3 giorni e sono documentati casi nei quali dei soldati sono giunti al fronte dopo 41 giorni dalla partenza.
Anche in Russia si giunse alla conclusione che solo un sistema di ferrovie leggere portatili poteva svolgere il lavoro di trasporto fino al fronte. Il primo utilizzo russo di una ferrovia smontabile avvenne durante la guerra Russo-Giapponese del 1904-1905 con materiale Decauville. In seguito l'esercito scelse due sistemi di ferrovie

100

portatili: Dolberg - Yalovetslogo, con scartamento di 0,7 m e Tahtareva a scartamento di 1 m. Venne poi scelto come standard lo scartamento di 0,75 m per tutte le ferrovie portatili.

Il primo era molto simile a quello austro-ungarico, stesso scartamento e ruote con doppio bordino. La caratteristica principale era che l'aggancio tra le sezioni avveniva con un uncino rivolto verso l'alto, fissato solidamente al lato delle rotaie. Per staccare gli elementi di binario bastava inclinarli verso l'alto dal lato opposto a quello collegato al resto della ferrovia. Queste ferrovie venivano organizzate per potere effettuare 34 coppie di treni, 17 andate e 17 ritorni, ogni 24 ore. Ogni treno era previsto formato da 8 vagoni con un carico trasportato totale di 16 t alla velocità media di 8,5 Km/h.

Illustrazione 78: Ferrovia russa a trazione a cavalli. (Da foto di orig. sconosciuta)

Nel 1899, ispirandosi al sistema francese, nella fabbrica Maltsov di Lyudinovo (Мальцовский завод в Людиново) vennero costruite due locomotive simili alla Pechot-Bourdon ma con scartamento di 0.75 m e con caldaia adatta a bruciare legna destinate alla fortezza di Kovno (Ко́венская кре́пость) a Kaunas, in Lituania. Durante la guerra erano assegnate al deposito di Panevėžys e poi non si sa che fine fecero.

Dopo l'inizio dei combattimenti l'esercito costruì circa 1,370 km di ferrovie a scartamento ridotto con trazione sia animale sia a vapore e anche con locomotive con motori a combustione interna.

Purtroppo non ho trovato altre informazioni sul materiale rotabile.

3.7.1. Linee

3.7.1.1. Chełm - Siennica Różana - Krasnystaw - Płoskie

Nel 1914, la Russia costruì una ferrovia a scartamento ridotto di 670 mm abbandonata nel 1915. Era collegata con la ferrovia Kolejrzy Zwierzyniec – Bełżec. Venne poi utilizzata dagli austriaci. Una piccola parte funzionò fino al 1923 per la raccolta della barbabietola da zucchero.

3.7.1.2. Kolejrzy Zwierzyniec – Bełżec

Altra ferrovia costruita probabilmente dai russi.

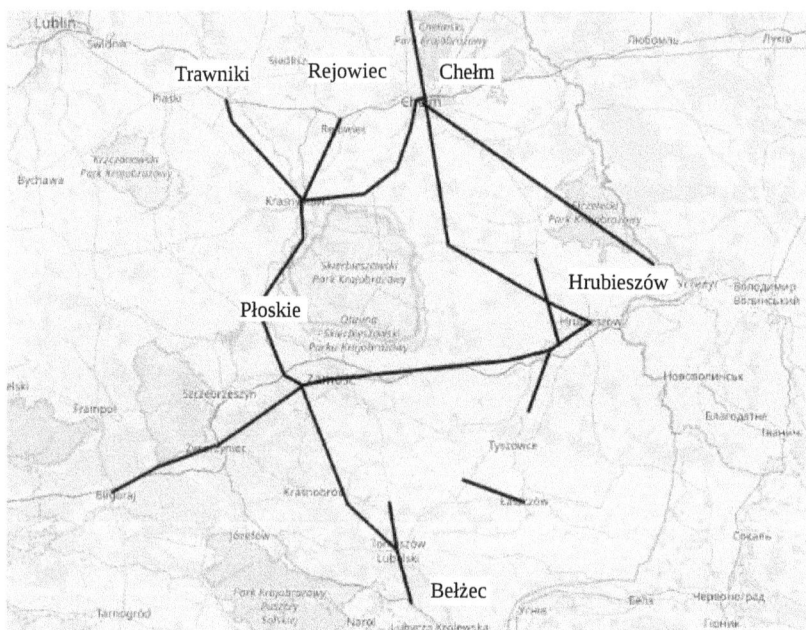

Illustrazione 79: Ferrovie costruite dai russi in Polonia, poi usate anche dai germanici.

4. Locomotive

4.1. Locomotive a vapore

4.1.1. Italia

Illustrazione 80: Locomotiva italiana. Il serbatoio dell'acqua, per abbassare il baricentro della macchina, era all'interno del telaio, tra le ruote e veniva riempito tramite il tubo che si vede sotto la camera del fumo. (da foto bildarchivaustria.at)

La situazione delle locomotive italiane ad ottobre 1918, suddivise per scartamento, risulta essere la seguente:

Scartamento	Quantità	Potenza	Gruppo	
0.5 m	3	< 15 KW	51	
	50	30 KW	61	Porter
	30	30 KW	62	Officine Meccaniche di Saronno
	14	< 18 KW	63	
0.6 m	9	22 < 25 KW	64	
	20	30 < 33 KW	65	
	3	37 KW	66	
	2	> 37 KW	67	
0.75 m	15	70 KW	71	Porter
	15	60 KW	72	Officine Meccaniche Reggiane
	1	< 25 KW	73	

Scartamento	Quantità	Potenza	Gruppo	
1	< 81 KW	78		A cremagliera
1	88 KW	79		A 3 assi

Inoltre sembra che Porter, famoso costruttore americano di locomotive industriali, abbia consegnato all'Italia molte locomotive. Durante la guerra 9 locomotive a 2 assi e 3 a 3 assi, 3 di queste erano locomotive ad accumulatore di vapore, ovvero senza fuoco, probabilmente per essere utilizzate in luoghi di produzione o immagazzinamento di esplosivi. In seguito, con consegna sia durante la guerra che dopo la sua conclusione, 165 locomotive 0-4-0T, a 2 assi, con scartamento da 0,6 m. Dalle tabelle del costruttore si può intendere che le locomotive Porter a 2 assi potessero percorrere curve di raggio inferiore ai 6 m e quelle a 3 assi curve inferiori ai 10 m.

La classificazione e la numerazione delle locomotive italiane seguiva queste regole: Tutte le locomotive dovranno portare sui quattro lati, dipinte in bianco (...), le sigle S.M. seguite dai numeri di servizio.

Illustrazione 81: Ferrovia austro-ungarica a scartamento di 0.6 m a Follina (TV). Una mappa italiana la identifica come ferrovia con scartamento di 0.7 m, ma gli scambi sono per ruote con unico bordino e non quelli per feldbahn austro-ungariche. (da foto bildarkiv.at lic.)

Le locomotive sono riunite in gruppi a seconda delle loro caratteristiche principali; in ciascun gruppo le locomotive hanno un numero progressivo.

Il numero di servizio è costituito da due parti distinte da una lineetta orizzontale, la prima indica il gruppo a cui la locomotiva appartiene, l'altra indica il numero progressivo della locomotiva nel gruppo.

La prima cifra a sinistra della prima parte del numero di servizio è zero quando la locomotiva è azionata da un motore a scoppio. La prima cifra (o la seconda quando la prima sia zero) indica lo scartamento della locomotiva: la cifra 5 indica lo scartamento di 0,5 m, la 6 quello di 0,6 m, la 7 quello di 0,75 m. Fra le locomotive che hanno lo stesso scartamento, qualunque sia il motore da cui sono azionate (a vapore o a scoppio) quelle che hanno uguale il numero formato dalle cifre, che si trovano a destra di quella indicante lo scartamento e che precedono la lineetta orizzontale, hanno approssimativamente la stessa potenza e caratteristiche analoghe.

Illustrazione 82: Ferrovia italiana probabilmente a scartamento di 0.75 m data la struttura del vagone. (da foto di orig. sconosciuta)

4.1.2. Austria-Ungheria

4.1.2.1. FB 1
Locomotiva sperimentale, mai usata sul campo, a 2 assi con scartamento di 0,7 m costruita da Decauville nel 1901. Il suo aspetto era quello tipico delle macchina Decauville con la cabina chiusa solo su fronte, ma aveva ruote con doppio bordino. Pur dando buoni risultati si ritenne necessario costruire una locomotiva più grande.

4.1.2.2. FB 2
Locomotiva-tender a 4 assi accoppiati, costruite tra il 1902 e il 1904 in 6 esemplari dalla Fabbrica Locomotive delle Ferrovie Statali di Budapest (Lokomotivfabrik StEG). Vennero riclassificate da FB 1,01 a FB 1,06. Le loro caratteristiche principali erano: lunghezza ai respingenti 4,5 m, larghezza 1,87 m, altezza 2,8 m, massa a vuoto 9,6 t e in servizio 12 t, velocità 15 Km/h, dimetro ruote 0,59 m e distribuzione Heusinger.

4.1.2.3. FB 2,01
Dopo avere ordinato le FB 1,01-06 si era pensato di progettare una locomotiva con tender separato per potere avere scorte di carburante maggiori e una maggiore autonomia di esercizio. Costruita nel 1905, il primo e l'ultimo asse si potevano spostare lateralmente e le loro ruote avevano solo il bordino esterno. Il secondo e il terzo asse erano rigidi e le loro ruote avevano il solo bordino interno. Nel corso delle prove si verificarono frequenti deragliamenti, soprattutto sugli scambi.

Vennero quindi modificate le ruote dotandole di bordini doppi, esterni e interni, ma questa soluzione pur limitando i deragliamenti creava problemi in caso di neve. Questa infatti tendeva ad accumularsi sotto le ruote, sollevandole dalle rotaie e facendo perdere aderenza. Il progetto venne quindi abbandonato in favore di una locomotiva diversa.

4.1.2.4. FB 3

Locomotiva di prova, sistema Mallet costruita da Floridsdorf nel 1902 in un solo esemplare. Si era scelto il sistema Mallet per la sua agilità nelle curve di raggio ridotto, ma risultò troppo complessa. Questo progetto venne abbandonato

4.1.2.5. FB 3,01-24

Locomotiva con tender costruita tra il 1907 e il 1908 in 24 esemplari dalla Lokomotivfabrik StEG, come evoluzione della FB 2,01. Alla fine della guerra alcuni esemplari rimasero in servizio sulla Ferrovia delle Dolomiti, con aumento dello scartamento a 0,95 m, fino all'elettrificazione della linea. I dati principali erano: lunghezza ai respingenti 4,5 m, altezza 2,69 m, larghezza 1,85 m, massa a vuoto 11,1 t in servizio 12,4 t, velocità 18 Km/h, diametro ruote 0,60 m.

4.1.2.6. FB 4

Questa locomotiva venne costruita da Krauss di Linz nel 1902. Durante i test a Korneuburg si dimostrò inadatta al funzionamento su binari posati male o deformati cui non venne messa in produzione.

4.1.2.7. FB 4,01-27

Era una locomotiva con tender separato. Costruite in 27 unità da Wiener Neustädter Lokomotivfabrik e da Lokomotivfabrik der StEG tra il 1909 e il 1917. Erano un'evoluzione delle FB 3,01-24, che avevano dato buoni risultati. Rispetto a quella serie erano dotate di un surriscaldatore di vapore.

4.1.2.8. FB 6

Prodotta da Maschinenfabrik Budapest nel 1902. Il primo asse era articolato con sistema Klien-Lindner. I bordini delle ruote del primo e quarto asse erano interni, quelli del secondo e terzo erano esterni. Non venne messa in produzione, anche se era la più robusta delle locomotive provate.

4.1.2.9. RIIIc

Locomotiva per Rollbahn, quindi a scartamento di 0,6 m. Dopo avere valutato l'incompatibilità tra il sistema Dollberg e le altre feldbahn, soprattutto quelle germaniche, si cercò di sviluppare le Rollbahn. Erano necessarie nuove locomotive più potenti e con buona autonomia. Vennero scartate le Brigadelok germaniche perché giudicate troppo complicate e soprattutto troppo costose, venne quindi scelto un tipo a tre assi. Costruite a partire dal 1916 da molti produttori tra i quali Henschel, Krauss, Floridsdorf, Breitfeld & Daneka in molte varianti di aspetto anche molto diverso. La classificazione significava: R = rollbahn = scartamento 0,6 m; III = carico assiale 3000 - 3500 kg; c = tre assi motori.

La locomotiva RIIIc 427, Henschel 15863/1917, negli anni 1920 venne trasformata a scartamento di 0,75 m e le venne tolto l'asse centrale. Venne usata presso la Ferriera Acciaieria Casilina SpA, di Montecompatri (RM), rinominata Monte Velino. Risultava ancora esistente nel 2003 abbandonata sul posto vicino al vecchio tracciato della Roma - Fiuggi. La 426 subì le stesse trasformazioni e attualmente si trova a Wavres in Belgio e pare sia stata prima anche monumentata a Bruneck-Brunico.

4.1.3. Germania

Illustrazione 83: Foto di fabbrica delle locomotive gemelle Zwillinge. (da foto di orig. sconosciuta)

4.1.3.1. Cn2t
Locomotiva a 3 assi accoppiati con una potenza di 37 KW, derivava da una locomotiva industriale già in produzione di Orenstein & Koppel. Questa locomotiva leggermente modificata venne utilizzata a coppie per creare le successive Zwillinge.

4.1.3.2. 040 Krauss 1901
Nel 1901 la Krauss fornì alla colonia dell'Africa Occidentale, a causa dei difetti delle locomotive Zwillige, due locomotive a 4 assi motori. Aveva una pressione della caldaia di 11 bar, dimensioni cilindri 240 mm x 300 mm, diametro ruote motrici 0,65 m, passo accoppiato 4,975 m e potenza di 4,47 KW.

4.1.3.3. 040 1901
In seguito all'ottimo funzionamento delle 040 Krauss del 1901, nei successivi 4 anni anche altri costruttori, consegnarono altre 18 macchine simili, con il sistema Klien-Lindner. Su queste macchine l'esercito fece le prove per la costruzione delle successive locomotive per le feldbahn.

4.1.3.4. Cn2t+Cn2t Zwillinge

Locomotive gemelle, Zwillinge, sono state le prima costruite in grande serie per l'esercito a partire dal 1890 e utilizzate in Namibia, che era una colonia germanica. Erano state progettate pensando per avere un baricentro basso e un grande focolare. Al momento dello studio non esisteva ancora nessun sistema efficiente per rendere articolati gli assi motori di una locomotiva, né gli assi spostabili lateralmente sistema Gölsdorf, né il sistema Klien-Lindner per lo spostamento radiale. Quindi per ottenere una locomotiva che fosse contemporaneamente potente, cioè con una grande caldaia, e con un carico assiale limitato si pensò ad unire dal lato della cabina, in maniera semi permanente due locomotive a 3 assi. Lo svantaggio di questa soluzione era che comunque si dovevano gestire due caldaie e due sistemi di guida uguali ma distinti ma che dovevano lavorare in sincronia. Queste macchine si rilevarono però deficitarie in potenza ed autonomia. Vennero comunque usate, a volte anche separando le due unità e facendole lavorare singolarmente. I dati principali di queste macchine doppie erano: lunghezza 8,2 m, larghezza 1,6 m, altezza 2,7 m, velocità 20 Km/h, massa a vuoto 14 t e in servizio 17 t.

Il Giappone ne acquistò 39 esemplari che vennero usate nella guerra Russo-Giapponese. Tra il 1894 e il 1905 Henschel ne costruì 136 coppie.

4.1.3.5. Dn2t Brigadelok

Le Zwillinge non si erano rivelate adatte all'uso sul campo come previsto, sia per la loro potenza limitata sia per la difficoltà di utilizzo sia perché bisognava controllare di fatto due locomotive distinte, ognuna con la propria caldaia e i propri comandi e questa ridondanza non si era rivelata utile in caso di guasto. Negli anni 1904-1905, vennero progettate queste locomotive più potenti e più semplici da gestire e mantenere. Avevano 4 assi accoppiati, quelli estremi erano articolati col sistema Klien-Lindner per viaggiare meglio sulle curve strette e sui binari accidentati, la potenza era di 50 KW, la velocità massima era di 15 Km/h poi portata a 25 Km/h bloccando o forse limitando il movimento degli assi Klein-Lindner. Vennero costruite in varie versioni da molte fabbriche diverse. Le serie più vecchie avevano le casse laterali rettangolari, le successive le avevano con la parte anteriore inclinata verso il basso per migliorare la vista sul binario. Altre differenze riguardavano le sospensioni, prima senza e poi con bilanciamento per ripartire il carico tra gli assi. Cambiò anche la capacità di trasporto delle scorte di acqua e carbone che passarono da 3150 l e 1000 Kg a 5000 l e 1800 Kg rispettivamente. Rimase sempre costante il sistema di distribuzione, probabilmente per mantenere l'uniformità dei pezzi di ricambio. Ne vennero costruite circa 2500 unità tra il 1905 e il 1919. I principali dati: lunghezza circa 5,9 m, larghezza 1,78 m, altezza 2,85 m, massa a vuoto circa 10 t, massa in servizio 12 t, peso assiale 3 t.

4.1.3.6. En2t

Dal 1917 anche le Brigadelok non erano più sufficienti alle esigenze di trasporto militari. Si progettò e iniziò a costruire quindi una locomotiva più potente sempre per lo scartamento di 0,6 m, 65 KW, con 5 assi motori. Gli assi estremi erano articolati rispetto al telaio con il sistema Luttermöller, che trasmetteva la forza attraverso ingranaggi montati in centro agli assi invece che tramite bielle. La loro produzione iniziò verso la fine della guerra e quindi poche macchine vennero realmente usate sul fronte e quindi non hanno avuto un ruolo importante nello svolgimento della guerra. Con l'arrivo della pace come anche per gli altri gruppi di locomotive ci fu una sovrabbondanza di numero rispetto alle esigenze civili. Di queste locomotive, 70 furono cedute come rimborso dei danni di guerra alla Polonia o vendute ad imprese civili. Essendo macchine molto grandi rispetto allo scartamento per il quale erano state costruite non risultarono molto adatte all'uso industriale.

La Germania non costruì altri modelli di locomotiva, Vennero fatti dei progetti e costruiti alcuni prototipi, che non arrivarono alla produzione. Tra questi ci sono state una locomotiva a 4 assi accoppiati due dei quali articolati nel 1911 e una con 3 assi accoppiati e uno portante posteriore nel 1917.

Illustrazione 85: Due locomotive in uso industriale in Italia dopo la fine della guerra. Si tratta di una Brigadelok germanica e una RIIIc austro-ungarica, usate dalla ditta Pelucchi a Calco per l'esercizio di un miniera. Si tratta dell'unica foto da me trovata con una Brigadelok o una RIIIc in uso industriale in Italia. (Da foto da www.merateonline.it orig. sconosciuta)

4.1.4. Francia

4.1.4.1. Péchot-Bourdon - B'B'

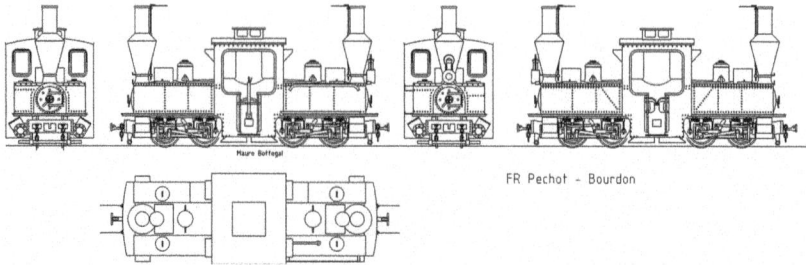

FR Pechot - Bourdon

Illustrazione 86: Pechot-Bourdon vista completa

Questa locomotiva era stata progettata per essere il mezzo di trazione universale per il sistema Péchot-Bourdon. Era un macchina articolata tipo Fairlie, con rodiggio B'B', con un baricentro molto basso. Aveva una cabina e il focolare in posizione centrale, su un lato si trovava il posto di guida sull'altro l'alimentazione del forno e gli strumenti di gestione della caldaia. Contrariamene alle macchine Fairlie originali aveva un unico duomo in posizione centrale. Il tutto appoggiava su due carrelli sui quali erano montati i cilindri, il sistema di aggancio e il respingente. Il vapore arrivava ai cilindri attraverso un passaggio articolato in all'interno del perno di rotazione dei carrelli. Questa disposizione permetteva una grande agilità sulle curve di 20 m di raggio e un buono sforzo di trazione. Il focolare in posizione centrale consentiva di affrontare anche pendenze notevoli senza il rischio che esso restasse scoperto dall'acqua della caldaia, fatto estremamente pericoloso per le locomotive a vapore, che portava alla surriscaldamento del forno e poteva arrivare anche all'esplosione della caldaia nel caso che l'acqua ritornasse a bagnare il forno arroventato con grande produzione di vapore e aumento repentino della pressione della caldaia. I comandi dei motori erano indipendenti per le due estremità e quindi potevano viaggiare anche con un solo carrello funzionante.

La prima macchina costruita, la n°1, fu consegnata nel 1887 da Decauville e sottoposta a un ciclo di prove in seguito alle quali venne iniziata la produzione. Le successive consegne si svolsero così: dal n° 2 al 20, fornite da Cail nel 1888 (n° 2771 - 2789); dal n° 21 a 32, da Fives-Lille nel 1889/90 (n° 2769 - 2780); dal n° 33 a 35, da Cail nel 1892 (n° 2377 - 2380); dal n° 41 a 56, da Cail nel 1906 (n° 2794 – 2809).

Nel 1916, 270 di esse vennero costruite in parte negli USA da Baldwin e in parte da North British Locomotive nel Regno Unito.

Alcune macchine vennero inviate in Tunisia, forse adattate allo scartamento metrico, sulla ferrovia statale. Vennero usate anche in Grecia e Turchia. Ne sopravvivono solo due, una a Dresda al Museo dei Trasporti e una in Serbia al

Museo della Ferrovia a Požega (Železnička stanica Požega - Железничка станица Пожега), forse a causa delle loro particolari caratteristiche che non le rendevano adatte al riutilizzo per usi industriali a guerra finita, le altre sono andate perdute.

4.1.4.2. Decauville 020T
Locomotive con una massa di 6,5 t erano macchine molto diffuse nelle aziende e vennero usate anche nelle ferrovie militari.

4.1.4.3. Kerr-Stuart 030T
Locomotive importate dal Regno Unito in circa 100 unità.

4.1.4.4. Decauville 030T
Locomotive da 10 t, anch'esse diffuse nelle aziende civili.

4.1.4.5. Kerr-Stuart Joffre 030T
Locomotive costruite in 70 unità nel Regno Unito da Kerr Stuart & Company, a Stoke on Trent, per il governo francese a causa dell'impossibilità di Decauville di soddisfare un ordine fatto nel 1915. Queste locomotive, identificate come gruppo Joffre, pur derivando direttamente dal progetto Progress di Decauville e pur essendo a queste molto simili, avevano alcune piccole differenze, la più evidente era il parascintille del camino. Avevano le ruote dell'asse centrale senza bordino.
I principali dati erano:
Cilindri: diametro x corsa 0,216*0,28 m, pressione 1200 KPa
Diametro ruote 0,6 m, passo 1,4 m, raggio di curvatura min. 16 m
Massa 8200 Kg, massa in servizio 10400 Kg
Scorta di carbone 250 Kg, scorta di acqua 1000 l

4.1.4.6. Baldwin 030T
Baldwin fornì alla Francia 32 locomotive tender a 3 assi accoppiati. Avevano un caratteristico serbatoio di acqua tipo saddle tank, cioè a cavallo della caldaia e un fumaiolo con un grande parascintille, come quello delle locomotive alimentate a legna invece che a carbone. Erano macchine dall'aspetto tipicamente americano, molto diverse dalle altre usate in guerra. Baldwin fornì anche 11 macchine con rodiggio 230 per le ferrovie militari francesi, a scartamento di 0,6 m, in Marocco.

4.1.5. Regno Unito

4.1.5.1. Hudson 0-6-0WT

Era una locomotiva da manovra scelta dal catalogo della ditta Robert Hudson Ltd. classificata come Gruppo G (Class G), che era, con la tedesca Orenstein & Koppel, il maggiore produttore mondiale di ferrovie leggere. Avevano rodiggio C, interasse di 1,27 m e ruote con diametro di 0,58 m, e meccanismo di distribuzione tipo Walschaerts.

4.1.5.2. Hunslet 230

Era derivata dal modello industriale "Hans Saurer" 0-6-0T: venne aggiunto un carrello portante di guida anteriore, montata una caldaia più lunga e installata una riserva di carbone dietro la cabina di guida. Poteva trainare 289 t in piano e 80 t su una pendenza del 20 ‰. Vennero ordinate inizialmente 45 macchine, portate poi a 75 unità.

4.1.5.3. Baldwin 10-12 D

Dato che Hunslet impiegò 13 mesi per completare l'ordine delle locomotive il War Department Light Railway, pensò di comprare altre locomotive da costruttori stranieri. Ordinò quindi negli USA a Baldwin 45 locomotive di classe 10-12 D, immatricolate da 501 a 545, che vennero consegnate a ottobre dello stesso anno. Avevano rodiggio 4-6-0, come le Hunslet. Visto la rapidità di consegna e il prezzo contenuto venne fatto un altro ordine di 350 locomotive, da 701 a 1050. Nel 1917 venne fatto un ultimo ordine di 100 locomotive, da 1051 a 1150. Tra i vari ordini vennero richieste delle modifiche per un loro migliore utilizzo. Tra queste vi furono l'eliminazione del bordino delle ruote motrici dell'asse centrale, vennero aggiunte valvole di sicurezza, un tubo flessibile per il rifornimento d'acqua dai canali e fiumi con pompa e un supporto per riporlo sul retro della cabina, e modificati i fanali. Le caratteristiche principali erano: diametro ruote motrici 597 mm, massa 14,5 tonnellate.

Alle estremità anteriore e posteriore, sotto il gancio, avevano una barra orizzontale. Questa serviva da cacciapietre e impediva, o riduceva il rischio di ribaltamento in caso di deragliamento, forniva inoltre un appoggio ai martinetti per il sollevamento nelle operazioni di rimessa sul binario. Alcune di esse convertite all'uso civile. A Vis-en-Artois, in Francia, dopo anni di servizio nelle cave di sabbia, vennero trasformate, mantenendone il telaio e il rodiggio, in macchine Diesel con trasmissione a bielle.

4.1.5.4. ALCo 2-6-2

Per avere locomotive capace di viaggiare in entrambe le direzioni vennero ordinate delle macchine con rodiggio simmetrico. Vennero consegnate da ALCo, stabilimento di Coke, nel 1917, 100 locomotive rodiggio simmetrico 1C1. Erano

112

molto simili alle locomotive ALCo costruite per l'esercito americano, le loro caratteristiche erano:

Passo ruote motrici 1,68 m, passo totale 5,03 m

Carico assiale 3645 Kg, massa 38500 Kg

Diametro ruote motrici 0,686 m

Illustrazione 87: Vagone chiuso britannico con soldati australiani trainato da una locomotiva Simplex da 20 HP.

4.1.6. USA

4.1.6.1. Baldwin 131

Baldwin propose all'esercito le locomotive di classe 10-12 1/4 D nel 1917. Il progetto venne approvato e messo subito in produzione. In seguito Baldwin ebbe problemi a completare la produzione e quindi l'esercito ordinò macchine simili a Davenport Locomotive Work e a Vulcan Iron Work. Baldwin costruì 195 macchine, le loro dimensioni principali erano: lunghezza 6,51 m, larghezza 1,9 m, diametro ruote motrici 0,597 m, distribuzione Walschaert e massa di 15600 Kg. Potevano essere alimentate sia a carbone che a legna. L'ultimo esemplare si trova attualmente (2015) presso la ferrovia Tacots des Lacs a Grez-sur-Loing (Seine-et-Marne) in Francia. Manifestarono alcuni problemi, tra i quali: baricentro alto e difficoltà ad affrontare le curve di 30 m di raggio.

4.1.6.2. 131 Davenport

Davenport costruì 8 locomotive, nessuna delle quali arrivò in Francia a causa della fine della guerra.

4.1.6.3. 131 Vulcan

Vulcan costruì 30 locomotive delle quasi 300 ordinate. Nessuna arrivò in Francia, come le Davenport. Per abbassare il loro baricentro vennero abbassate le casse d'acqua laterali rispetto alle Baldwin da cui derivavano.

4.1.7. Russia

Non ho trovato dati riguardanti le locomotive usate dalla Russia. Ho notizia solo di 350 locomotive a benzina costruite da Baldwin, negli USA. Probabilmente la Russia utilizzò molto, rispetto agli altri eserciti, la trazione a cavalli.

4.2. Locomotive a combustione interna

4.2.1. Italia

Ho trovato informazioni solo riguardo due locomotive a benzina probabilmente recuperate da qualche industria. Non sembrano esserci foto disponibili.

Scart.	Gr.	Descrizione - potenza	Nuove	Numerazione	Quant.
0,5 m	051	fino a 20 HP / 14,5 KW	no	S.M. 051-1	1
0,6 m	064	30 - 35 HP / 22 - 25 KW	no	S.M. 064-1	1

Illustrazione 88: Carrelli automotori austroungarici in attesa di utilizzo forse contro gli italiani. (da foto di orig. sconosciuta)

Illustrazione 89: Elektrozug a Belluno. (da foto www.bildarchivaustria.at)

4.2.2. Austria-Ungheria

4.2.2.1. Veicoli automotori – Motortriebwagen

L'uso della trazione a cavalli sulle feldbahn si era rivelato problematico quando il terreno diveniva fangoso: i cavalli scivolavano e gli zoccoli smuovevano il terreno aumentando il problema.

La soluzione era la trazione meccanica. L'austriaca Daimler Motoren AG progettò una piccola locomotiva montando un motore

Illustrazione 90: Motore a benzina Austro Daimler a 2 cilindri da 3,5 CV, per feldbahn, costruzione 1916 (da foto Austrodaimler 1916)

a benzina a 2 cilindri su un vagone standard a due assi per feldbahn a cavali. La potenza del motore era di 2,7 KW, la trasmissione a catena agiva su un asse attraverso un cambio a due velocità, la massa totale era di 220 Kg.

Illustrazione 91: Automotori con motore Puch da 3 KW usati negli anni 1920 sulla ferrovia forestale di Thalham in Alta Austria, nel comune di Strass im Attergau. Questa linea di circa 10 Km fu costruita per trasportare il legname alla stazione di St. Georgen in Attergau sulla linea Atterrgaubahn a scartamento di 1 m.(dettaglio da foto da www.atterwiki.at)

Era un veicolo estremamente semplice da guidare e si poterono usare gli stessi uomini che lavoravano sulle feldbahn a cavalli dopo un breve addestramento. La costruzione del primo veicolo venne completata a dicembre 1915, ma la burocrazia imperiale ritardò la costruzione di serie fino all'estate 1916. La produzione continuò fino alla fine del 1917, quando tutte le feldbahn a cavalli vennero convertite alla trazione meccanica. Una di queste locomotive poteva trainare fino a 2 vagoni a carrelli e, come i carrelli originali, anche questi motorizzati potevano essere accoppiati per formare veicoli a due carrelli, uno motorizzato a l'altro no. La loro velocità identica a quella dei treni a cavalli rendeva possibile l'utilizzo ibrido nel periodo di transizione tra i due sistemi di trazione.

Il motore non si rivelò molto affidabile e questo comportò un elevato numero di guasti in servizio, si giunse ad avere fino a metà dei veicoli disponibili fermi in officina per riparazione. L'officina Puch di Graz fornì una versione con motore da 3 KW e, poco prima della fine della guerra, la Daimler anche una versione da 4,4 KW. Alcuni di questi automotori vennero adattati anche per rollbahn a scartamento di 0,6 m.

Illustrazione 92: Camion su rotaie Fross Büssing. (da www.bildarchivaustria.at)

4.2.2.2. Schienenkraftwagen Fross Büssing

Gli autocarri Fross Büssing erano camion adattatabili alla ferrovia tramite l'installazione di ruote ferroviarie e blocco dello sterzo, questa operazione durava circa 60'.

Il motore era a quattro cilindri con 25 KW e agiva sulle ruote posteriori tramite una trasmissione a catena a 4 rapporti.

La velocità massima era di 25 Km/h. Avevano una massa di 3500 Kg e potevano trasportare fino a 10 t ripartiti tra camion e rimorchi, che erano dotati di freno a mano.

4.2.2.3. Landwehrzug

Illustrazione 93: Treno tipo B in assetto ferroviario

L'idea di questi treni è stata del generale austriaco Ottokar Landwehr von Pragenau, che nel 1908 ha ideato il concetto di un treno benzo-elettrico con trazione distribuita su tutto il convoglio, in grado di muoversi sia su strada ordinaria che su ferrovia, sostituendo le ruote con pneumatici con quelle con cerchione ferroviario.

Questi veicoli vennero progettati per il trasporto delle armi pesanti, come i cannoni Skoda. Questi erano troppo pesanti per essere trainati da animali e quindi si studiarono soluzioni adeguate di tipo meccanico. Si ricorse a dei veicoli dotati di motori a benzina che azionavano un generatore di corrente che alimentava i motori di trazione, era una soluzione che consentiva una buona regolazione della velocità e soprattutto risolveva i problemi di spunto e di marcia a velocità bassissima. Oltre ai veicoli-generatori, chiamati anche trattori, vennero creati dei rimorchi automotori, mossi da motori elettrici alimentati dal trattore. Si potevano formare treni con un trattore e alcuni rimorchi, adatti alla circolazione stradale e, tramite sostituzione delle ruote e blocco degli assi sterzanti, anche alle ferrovie a scartamento normale. Si ottennero così dei treni automotori con trazione distribuita su tutto il treno, una soluzione assolutamente originale per l'epoca. La conversione da strada a ferrovia e viceversa durava circa 40 minuti, senza necessità di installazioni fisse o di officine, quindi un treno giunto alla fine della ferrovia poteva continuare il trasporto, senza trasbordo del carico, su strada carrabile fino alla destinazione finale.

Usualmente un treno era formato da un veicolo-generatore, un carro con le scorte tecniche e dei carri da trasporto: fino a 5 nell'uso su strada e fino a 12 nell'uso su ferrovia. La corrente continua generata sul veicolo-generatore era inviata ai motori elettrici dei rimorchi, che erano anche dotati di freno a mano e a vuoto.

La Austro-Daimler costruì nel 1906 il trattore M,06 con motore da 60 KW e 4 ruote motrici. È stato sviluppato da Leopold Salvator Habsburg-Lothringen, e quindi queste macchine sono note anche come Daimler-Salvator.

Nel periodo 1909-1912 venne prodotto il modello M,09 con 60 KW con trazione integrale in diverse versioni, tra le quali una con motore da 66 KW con una gru. Le dimensioni era circa 5,6 m di lunghezza, 1,9 m di larghezza e 2,5 m di altezza, la massa di circa 7 t.

Nel 1912-1915 fu prodotto il modello M,12 da 75 KW con trazione integrale capace di trainare mortai da 305 mm con massa di 24 t. I suoi dati principali erano: lunghezza 6,8 m, larghezza 2,1 m, altezza 3,2 m, massa lorda 16240 Kg. Nel 1916 il modello M,12 è stato sostituito dal M,12/16 a trazione posteriore e con lo stesso motore.

Tra il 1916 e il 1918 sono state fatte 5 composizioni C-Zug con un trattore M,16 da 110 KW, attaccato a rimorchi pesanti con 8 ruote sterzanti per il trasporto di cannoni da 380-420 mm. In queste composizioni il veicolo generatore M,16 funzionava solo come generatore e non come trattore e la trazione era affidata al rimorchio, che, con una massa a vuoto di 15 t poteva trasportare fino a 27 t di carico. Per il trasporto di ogni cannone erano necessari 5 treni di questo tipo: uno per la base sinistra del cannone, uno per la destra, uno per l'affusto, uno per la canna e l'ultimo per munizioni. Questi treni potevano essere facilmente convertiti dalla strada alla ferrovia: la velocità su strada era di 16 Km/h con cerchioni di gomma piena e di 10 Km/h con cerchioni di acciaio e di 27 Km/h su rotaie, il consumo di carburante era di circa 3 l/Km.

La caratteristica originale di potere usare il veicolo generatore per alimentare i rimorchi tramite un cavo di 100 m consentiva di fare muovere il treno separatamente da esso. Per esempio per manovrare un pezzo d'artiglieria sulla sua postazione o nel caso di dovere superare un ponte danneggiato che non poteva sopportare il peso totale del treno completo, esso poteva essere separato in più tronconi che superavano il punto critico in momenti separati: prima il trattore e poi, alimentati via cavo lungo in dotazione, i singoli rimorchi.

Purtroppo alla fine della guerra questi treni sono stati dimenticati e non hanno avuto un utilizzo civile, a parte il caso della ferrovia Dornişoara – Prundu Bârgăului. Alcuni di essi, rimasti all'esercito, sono stati utilizzati durante la Seconda Guerra Mondiale. Il concetto di treno merci automotore è stato ripreso negli anni 1990 in Germania con i treni merci Cargosprinter che non hanno avuto il successo sperato.

Illustrazione 94: Veicolo generatore per scartamento di 0.7 m, senza carrozzeria. (Da bildarkivaustria)

4.2.2.4. Generatorzug per feldbahn da 0,7 m

I treni erano formati da un carro-generatore motorizzato e fino a 25 carri dotati di un asse motorizzato con un motore elettrico e trasmissione a catena.

L'alimentazione avveniva tramite un cavo che percorreva il treno. Il carro generatore aveva una massa di 4400 Kg, un motore a benzina da 75 KW, accoppiato a un generatore elettrico che forniva 300 V a 12 A in corrente continua. La prestazione era di 90 t a 15 Km/h. Vennero usati sulla feldbahn Toblach-Dobbiaco – Calalzo, in Galizia e in Albania.

Riepilogo dei trattori Generatorwagen					
Mod	M,06	M0,9	M,12	M,12/16	M,16
Anno	1906	1906 - 1909	1912 - 1915	1916	1916-1918
Potenza KW	60	60	75	75	110
Potenza generat. KW			93		
Tensione V			250		
Massa Kg		7000	16000	16000	15000
Ruote motrici	4	4	4	2	2
Lung. m		5,6	6,8	6,8	5
Larg. m		1,9	2,1	2,12	2,38
Alt. m		2,5	3,2	3,2	2,55
V max su strada Km/h					16 (10 con cerchioni in acciaio)
V max su binario Km/h					27
Uso			B-Zug C-Zug		C-Zug con 1 o 2 rimorchi a 4 assi

Ne vennero costruiti da Austro-Daimler di tre tipi.

Illustrazione 95: Generatore M16 in assetto ferroviario.

4.2.2.5. A-Zug

Progettati nel 1908 da Ferdinand Porsche. Erano macchine benzo-elettriche, formate da un trattore a due assi con un motore a benzina da 75 KW e un generatore elettrico da 93 KW che alimentava e motori elettrici dei carri. Secondo alcune fonti

120

avevano 10 carri con un unico asse, secondo altri avevano 10 carri con i due assi sterzanti. Era un treno stradale che poteva viaggiare a 18 Km/h su strade di montagna. Non potevano viaggiare su rotaie. Vennero usati sicuramente in Bosnia-Erzegovina.

Illustrazione 96: B-Zug alla stazione di Calalzo. (Da foto da www.heeresgeschichten.at)

4.2.2.6. B-Zug

Anch'essi costruiti da Austro-Daimler per potere trasportare i nuovi cannoni pesanti Skoda per i quali gli A-Zug risultavano inadatti. Il progettista era ancora il Dr. Ferdinand Porsche, di Austro Daimler. Si trattava di un aggiornamento del progetto A-Zug: un treno con trazione distribuita lungo il treno, con vagoni a due assi. Pare che almeno inizialmente fosse unidirezionale forse solo perché aveva i comandi solo su una testata. Pur essendo un treno complesso diede buoni risultati nell'uso pratico. La manutenzione era complessa, il filtro del carburante doveva essere pulito ogni 2 o 3 h e ogni 10 Km bisognava lubrificare gli organi meccanici del motore, l'autonomia era di circa 150 Km. Era un mezzo che poteva viaggiare sia su rotaie che su strada, cambiando i cerchioni delle ruote. All'inizio della guerra

Illustrazione 97: Dettaglio della ruota di un C-zug. (Da foto di orig. sconosc.)

erano in funzione 10 treni B-Zug, mentre i C-Zug vennero progettati e costruiti durante il conflitto.

4.2.2.7. C-Zug

Porsche progettò durante la guerra, un veicolo anfibio strada-rotaia con carri a 4 assi mossi da 8 motori elettrici, dalla massa di 15,400 Kg. Era possibile alimentare questi motori con un veicolo-generatore già esistente, che poteva fornire 93 KW sia per l'utilizzo su strada che su ferrovia. Questo carro era collegato al veicolo-generatore con un cavo corto e un timone di guida. Era possibile collegare un cavo di alimentazione di 100 m di lunghezza per muovere il carro, guidandolo a mano tramite il timone, in maniera indipendente dal generatore per piccoli spostamenti. I 4 assi assi erano distribuiti tra due carrelli a due assi, la distanza tra i quali non era rigida ma adattabile alle esigenze del carico e dotati di freni. Ogni motore aveva un potenza di 11 KW per un totale di 88 KW. La velocità massima in piano era di 16 Km/h su strada e di 27 Km/h su ferrovia, la pendenza massima affrontabile era del 25% su strada e del 9% su ferrovia. Il primo utilizzo di questi treni avvenne a Avesnes o Avesnes-sur-Helpe, Francia settentrionale, a marzo 1918. Nel maggio 1918 vennero usati anche sulle montagne vicino a Trento, portati via strada fino a 1600 m di altitudine.

Illustrazione 98: Operazione di conversione strada-binario. (Da foto di orig. sconosciuta, forse archivio Austro-Daimler)

Illustrazione 99: C-Zug.(da foto di orig. sconosciuta)

122

4.2.3. Germania

Illustrazione 100: Locomotiva Deutz. (Da foto di orig. sconosciuta da 63528.activeboard.com)

4.2.3.1. Benzollokomotiven Deutz C XIV

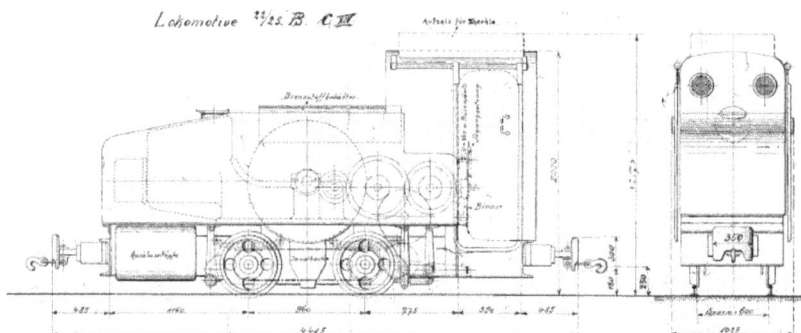

Illustrazione 101: Deutz B C XIV. (da gn15.info)

Locomotive a benzina, fra 1914 e 1918 ne vennero costruite quasi 1000. Il modello C XIV F era una locomotiva a 2 assi con trasmissione meccanica a 2 velocità, la massima era 12 Km/h e aveva una massa di circa 6 t. Vennero costruiti con molte varianti a causa delle ristrettezze causate dalla guerra e spesso assemblati velocemente senza rispettare il progetto. Le dimensioni approssimate erano: lunghezza 3800 - 4400 mm, larghezza 870 - 1250 mm, quindi molto stretta, e altezza 2100 - 2200 mm. Anche altre industrie, tra le quali Oberursel e Orenstein & Koppel, in particolare la fabbrica di Nordhausen, conosciuta anche col marchio Montania, costruirono locomotive a benzina, probabilmente seguendo il progetto Deutz. Sicuramente vennero usate anche locomotive simili ma a 3 assi e di maggiore potenza. Molte di queste locomotive avevano un sistema di raffreddamento che produceva molto vapore che le rendeva necessaria l'installazione di un grande camino simile a quello delle locomotive a vapore.

123

4.2.4. Francia

4.2.4.1. Locotracteur Campagne

Erano delle piccole locomotive a 2 assi dalla forma un po' strana: un telaio alto, un cofano anteriore simile a quello di un'automobile o di un camion e 2 panchette per accogliere delle persone e il guidatore. Vennero usati anche in Marocco.

Illustrazione 102: Locomotiva Campagne. (foto orig. sconosciuta da blitz-kit.fr)

4.2.4.2. Locotracteur Leroux

Locomotiva a 4 assi con trasmissione a bielle. Locomotiva sperimentale mai entrata in produzione in quanto la fabbrica di Valenciennes si trovava nella zona occupata dall'esercito germanico. Secondo il progetto era una locomotiva a 4 assi motori con trasmissione a bielle, aveva un motore da 90 KW e doveva poter rimorchiare tre vagoni Pechot su una rampa del 10%.

4.2.4.3. Mac Ewan - Pratt

Locomotive a 3 assi, simili al progetto Leroux, costruite nel Regno Unito in 6 esemplari per l'artiglieria francese.

4.2.4.4. Schneider LG

costruito dal 1916 con massa di 10 T, potenza di 37 KW, poteva essere alimentato a benzina, alcool o benzolo, il raffreddamento era ad acqua con un radiatore ventilato sul davanti, sormontato da un serbatoio d'acqua. La trasmissione meccanica aveva 4 velocità, i freni agivano sul primo e sull'ultimo asse, era dotato di sabbiere. Le ruote dell'asse centrale erano senza bordino. I dati principali erano: raggio minimo di curvatura 20 m; diametro ruote 0,6 m, lunghezza ai respingenti 4,6 m; larghezza

124

1,98 m; altezza 2,68 m; massa a vuoto 9,3 t e in servizio 10 t, sforzo di trazione in piano arrivava fino a 2330 Kg.

Illustrazione 103: Locomotiva Schneider. (da foto gallica.bnf.fr)

4.2.4.5. Schneider LG3
costruita dal 1916 con massa di 10 T e potenza di 44 KW.

4.2.4.6. Crochat 14L-4-60
Locomotive numerate da 501 a 700, con due carrelli a due assi. Ogni asse era motore e indipendente dagli altri. Era dotata di un motore a benzina direttamente collegato a una dinamo e di 4 motori elettrici, uno per ogni asse. L'avvio era elettrico tramite accumulatori che alimentavano la dinamo che funzionava come motore di avviamento. Aveva un freno meccanico. Costruita a partire dal 1916 aveva una massa di 14 t ed era dotato di un motore Panhard da 62 KW o di un motore Cottin da 66 KW. Altri dati sono: altezza 3,1 m, larghezza 1,7 m, lunghezza 6,5 m, passo dei carrelli 1,1 m, forza di trazione media circa 2200 Kg. Venne costruita in circa 200 esemplari. Uno di questi, anche se modificato nel corso degli anni era conservato fino al giugno 2010 presso il 5 Régiment du Génie, a Camp des Matelots a Versailles.

4.2.4.7. Baldwin
Questa locomotiva venne ordinata negli USA verso il 1917 in circa 600 pezzi. Erano identiche alle Baldwin 50 HP usate dalle truppe americane. Ne esistevano due versioni: una da 25 KW e 4 t di massa e una da 37 KW con 7 t di massa.

4.2.5. Regno Unito

4.2.5.1. Simplex 20HP

Prodotto da Motor Rail & Tramcar Company. Progettato da John T. Dixon-Abbot, aveva un motore Dorman 2J0 a due cilindri e un cambio brevettato che permetteva le stesse velocità nelle due direzioni, la trasmissione era a catena. Il telaio in acciaio aveva due assi. Ne furono costruiti 950 a partire dal 1916.

Illustrazione 104: Locomotiva Simplex 20 HP su un ponte a traliccio in Francia. (da foto di orig. sconosciuta)

4.2.5.2. Simplex 40HP

Derivato dal precedente aveva dimensioni maggiori e un motore Dorman 4J0 da 30 KW una massa di circa 6,5 t. Ne vennero costruite tre versioni. Una chiamata "aperta" (open) con due cofani ricurvi alle estremità e un tetto per riparare il conducente, Una chiamata "protetta" (protected) come la precedente ma con due porte laterali che chiudevano completamente la cassa. Una detta "blindata" (armoured) completamente chiusa, con solo 4 piccole aperture in alto. Le ultime due versioni erano usate nelle zone di guerra, la prima nelle retrovie. Alcuni esemplari sono stati usati anche in Italia, anche nel dopoguerra, in cantieri e in particolare sulla ferrovia di servizio per la costruzione della diga di Rochemolles sopra Bardonecchia.

4.2.5.3. Dick Kerr e British Westinghouse

Costruite in circa 200 pezzi, 100 per ognuno dei due costruttori, erano locomotive con motore a benzina e trasmissione elettrica, con massa di 7 t e avevano un motore Dorman 4JO con 33 KW a benzina con quattro cilindri, che muoveva un generatore di corrente continua di 30 KW a 1000 giri/min che generava fino a 500 V a 2 motori di trazione da 18 KW su ruote motrici da 0,89 m (32"). Poteva trainare 100 T a 8 Km/h. La regolazione della velocità veniva fatta regolando la tensione di alimentazione. Le locomotive potevano essere usate anche come generatore di corrente. Un tentativo di adattarle all'alimentazione elettrica tramite cavo aereo era stato previsto ma non realizzato in quanto ritenuto inadatto all'uso in guerra.

Illustrazione 105: Locomotiva Dick Kerr. (da foto di orig. Sconosciuta, da thetrenchexperience.net ora chiuso)

Illustrazione 106: Locomotiva americana Baldwin 50 KW.

4.2.6. USA

4.2.6.1. Baldwin 35HP
Locomotive meccaniche con motore a benzina costruite in 63 unità. Vennero consegnate tra ottobre e novembre del 1917.

4.2.6.2. Baldwin 50HP
Come le precedenti ma con un motore da 50 HP. Costruite in 126 unità e consegnate tra novembre 1917 e gennaio 1918. Forse esisteva anche una versione da 75 HP.
Caratteristiche:

Potenza	26 KW	37 KW
Passo	0,91 m	151 cm
Lunghezza	3,3 m	4 m
Larghezza	1,4 m	1,6 m
Altezza	2,4 m	2,6 m
Massa	3269 Kg	6350 Kg

Caratteristiche comuni:
Velocità   6,4 – 12,9 Km/h. Motore a 4 cilindri a 4 tempi raffreddato ad acqua, 2 velocità e freno manuale sui due assi.

Illustrazione 107: Locomotiva a benzina Baldwin da 35 HP (26 KW), ruote da 24" (61 cm), passo 3' (0.914 m), massa in servizio 8 ton, serbatoio di carburante da 25 gall (94 l). (da foto da catalog.archives.gov)

4.2.6.3. Speeders
Draisine costruite in due versioni. Una con motore a 2 cilindri e una con motore a 1 cilindro. Erano veicoli semplici, per 2 o 4 persone, con avviamento a spinta. Veicoli simili vennero costruiti da tutti gli eserciti, spesso con pezzi di recupero o adattando automobili.

4.2.7. Russia

4.2.7.1. Baldwin 50 CV
Il costruttore Baldwin, Pennsylvania - USA, produsse per la Russia, 350 locomotive a benzina a 3 assi con potenza di 37 KW per scartamento di 0,75 m nel 1916.

Illustrazione 108: Locomotiva americana Baldwin da 50 HP (37 KW). (da catalog.archives.gov)

4.3. Locomotive elettriche

Le seguenti locomotive erano ambedue austro-ungariche.

Illustrazione 109: Locomotiva elettrica fotografata apparentemente dopo la fine della guerra. (orig. sconosciuta da www.vlaki.info)

4.3.1.1. Con linea aerea

Anche se l'esercito temeva la fragilità della linea elettrica aerea di alimentazione, vennero ordinate alla Ganz di Budapest 10 locomotive elettriche. Avevano due carrelli che supportavano una cabina centrale ribassata per avere il baricentro basso. Avevano 4 motori da 2,5 KW, vennero testate a Korneuburg. Nel mese di luglio del 1917 venne elettrificata la ferrovia a cavalli Wochein-Feistritz - Zlatorog (Bohinjska

Bistrica – Zlatorog) nella attuale Slovenia, lunga 13 Km. I risultati furono deludenti anche a causa della scarsità di materiali, della posa frettolosa e anche a causa dello spostamento del fronte. Nell'estate del 1918 un temporale danneggiò anche le sottostazioni elettriche. In conseguenza di ciò alcune fonti dicono che le locomotive vennero spostate altrove, ma si sa che dopo la guerra la ferrovia rimase in funzione per uso civile con le stesse locomotive elettriche.

Illustrazione 110: Treni con locomotive a batteria sul Fronte dell'Isonzo.

4.3.1.2. Accumulatori

Dal 1917 Siemens fornì delle locomotive ad accumulatori. Erano locomotive estremamente semplici: due carrelli a due assi, sormontati da un telaio piatto. Su questo erano caricate le 4 batterie da 320 A/h e un controller di tipo tranviario, ogni carrello aveva un motore da 5,6 KW alimentato a 120 V. Vennero utilizzate sulla linea Kreplje - Gorjansko, in Trentino in Ucraina nella zona di Leopoli. La loro scarsa autonomia le rendeva difficilmente utilizzabili e il progetto di una locomotiva più potente non poté essere sviluppato a causa della grande massa delle batterie, che avrebbe comportato un carico assiale troppo elevato per i binari utilizzati.

Illustrazione 111: Locomotiva ad accumulatori.

4.4. Vagoni

4.4.1. Austria-Ungheria

4.4.2. Feldbahnwagon

Vagoni a 2 assi per le ferrovie da campo con scartamento di 0,7 m. Avevano dimensioni normalizzate, peso netto 810 kg, carico utile di 2710 kg. Potevano essere usati come carrelli per vagoni più grandi. Esistevano anche versioni specifiche che probabilmente vennero realizzate senza un progetto, ma seguendo le esigenze d'uso e i mezzi a disposizione. Ne vennero costruiti in totale circa 1,200. La struttura base del carrello era standardizzata in modo tale da potere montare su uno di essi un cassone o un piano realizzando un vagone a 2 assi, oppure usandone 2 uniti con un telaio, creare vagoni a carrelli da attrezzare come carri piani, a sponde o chiusi. Sembra che i carrelli fossero tutti costruiti con il freno.

Illustrazione 112: Vagone agricolo Dolberg simile a quelli militari. (da immagine di origine sconosciuta)

Quelli a cassa aperta, con sponde laterali rimovibili, avevano una caratteristica forma a V con il fondo piatto, con le sponde che si allargavano verso l'alto. Le testate erano invece verticali. La stessa sagoma caratterizzava anche i vagoni con sponde rimovibili a carrelli.

Dalle foto esistenti non sembra esserci stato un unico progetto per la sovrastruttura dei vagoni, probabilmente venivano costruiti sul luogo di utilizzo sfruttando il materiale presente e secondo le specifiche necessità. La versione provata nel campo di prova di Korneuburg, aveva un telaio metallico e dei carrelli simili a quelli tipici americani "arch bar". Quelli effettivamente costruiti per la guerra invece avevano sia il telaio che i carrelli costruiti principalmente in legno, probabilmente per motivi economici.

Venne anche sperimentato il trasporto di veicoli a scartamento ordinario appoggiati su due carri a scartamento ridotto affiancati, che si muovevano su due binari paralleli e trainati da una locomotiva viaggiante su uno dei due binari. Il trasporto

131

con vagoni viaggianti in parallelo non sembra essere mai stato effettivamente usato. Per il trasporto di treni a scartamento ordinario vennero usate le kraftwagenbahn, che avevano lo stesso scartamento di 1,435 m ma un binario molto più leggero.

Come accadde sul fronte francese, anche nella pianura veneta, quando un avanzamento del fronte faceva conquistare ferrovie del nemico, il materiale rotabile trovato utilizzabile veniva usato in maniera promiscua con quello del proprio esercito. Poteva quindi capitare che l'esercito austro-ungarico usasse treni italiani. Alla fine della guerra sicuramente treni austro-ungarici vennero usati per la ricostruzione nelle zone distrutte dalla guerra.

4.4.3. Regno Unito

Una volta decisa la costruzione di un sistema di Light Railway, venne progettato e costruita una serie completa di vagoni di vario tipo standardizzati. I vagoni erano suddivisi nelle seguenti classi:

4.4.3.1. A
Vagoni aperti a 2 assi, alcuni alle estremità avevano pareti fisse, altri le avevano rimovibili, lunghi 1,83 m, portata circa 3500 Kg.

4.4.3.2. D
Vagoni a carrelli, portata 10 t, lunghi 5,33 m, tara 2250 Kg, 9762 kg portata. Progettati per il trasporto merci vennero usati anche per la truppa. Alcuni vennero attrezzati come officina mobile con torni e forge, con una parete laterale abbattibile per formare un pavimento.

4.4.3.3. F
Vagoni piani a carrelli con stanti rimovibili alti 0,9 m. Lunghi 5,38 m, larghi 1,52 m, tara 2100 Kg, portata 9450 Kg.

4.4.3.4. E
Vagoni a carrelli con la parte centrale ribassata.

4.4.3.5. K
Vagoni ribaltabili su entrambi i lati, con capacità di 0,76 m^3 adatti a viaggiare su rotaie da 9 lbs/yrd, circa 9 Kg/m. Il cassone poteva essere rimosso dal telaio e appoggiato sul terreno per essere caricato o scaricato.

4.4.3.6. H
Vagoni a carrelli per il trasporto dell'acqua. Erano formati da un telaio standard che portava una cisterna squadrata capace di 5680 l.

4.4.3.7. P
Vagoni a due assi, lunghi 2 m, larghi 1,47 m, con sponde alte ribaltabili 0,45 m.

4.4.4. Germania

Anche nella progettazione e costruzione dei vagoni, la Germania adottò principi rigidi di omologazione, al fine di avere uno standard che semplificasse l'utilizzo. C'era praticamente un solo tipo di vagone chiamato "Brigadewagen". Era un vagone a 4 assi, apparentemente un comune vagone con due carrelli a due assi. Ma, in realtà, questi carrelli erano dei veri piccoli vagoni piani a 2 assi, dotati di freno e di organi di aggancio, sui quali appoggiava un telaio lungo, anch'esso piano, che poteva sostenere materiali e attrezzature. I singoli carrelli, li chiamo così per comodità, potevano essere usati autonomamente con singoli vagoni piatti.

Il vagone completo venne adattato a vari scopi senza modificare la struttura di base, aggiungendo pareti, tetti, sponde o altro. Sulla stessa base vennero creati vagoni piani, con sponde, con stanti, chiusi. Le versioni passeggeri, dotate di pareti in legno e finestrini, potevano ospitare 18 persone. La versione per il trasporto dei feriti poteva accogliere 22 persone sedute e 8 sdraiate sulle barelle, che potevano entrare dai finestrini. Pesavano tra i 2150 Kg e i 2400 Kg e potevano trasportare 5000 Kg di carico.

Sulle ferrovie di prova, costruite presso i centri di addestramento, esistevano versioni particolari dei vagoni passeggeri, nei quali il telaio su cui appoggiava la cassa era ribassato al centro, tra i due carrelli, per aumentare l'altezza utile del vagone.

Durante la guerra i vagoni subirono modifiche e semplificazioni, a volte in fabbrica a volte direttamente sui luoghi di guerra con mezzi di fortuna. In particolare i vagoni per il trasporto dei feriti vennero adattate ai tipi di barelle fornite durante la guerra, seguendo le indicazioni del personale sanitario e dei fornitori di attrezzature mediche.

4.4.5. Francia

Il materiale rotabile francese specializzato era costituito dai vagoni e carrelli sistema Pechot. Durante la guerra vennero usati vagoni di ogni provenienza,

4.4.5.1. Trasporto di grandi carichi

Sulle ferrovia da 0,6 m si potevano spostare anche i grandi cannoni da 240 mm. arma (Schneider, le Creusot) su speciali carri a 6 ruote. Si utilizzavano 4 carrelli Pechot a 3 assi: 2 per la canna e 2 per l'affusto. Altri carri speciali trasportavano i proiettili da sparare. Ovviamente il cannone non poteva sparare appoggiato sul binario ma doveva essere fissato a terra.

Per i cannoni da 210 mm. Era stato costruito un sistema di trasporto che integrava ferrovia standard e ferrovia da 0,6 m. Si trattava di un carro a scartamento ordinario che trasportava tutti i pezzi del cannone. Sotto questo carro erano trasportati anche i carrelli a 3 o 4 assi per lo scartamento di 0,6 m. Il carro era dotato di un sistema di sollevamento, una gru, per spostare la canna e l'affusto sui carrelli tipo Pechot. Il trasferimento veniva effettuato su due binari a scartamento standard e di 0,6 m compenetranti.

Era stato predisposto anche un sistema per cannoni da 155 mm, o più piccoli. Questi venivano montati su vagoni Peignet Canet. Erano vagoni a carrelli a 2 assi ciascuno, con gambe retrattili per scaricare sul terreno la forza dello sparo. Il cannone era montato in centro su una base girevole a 360°.

4.4.6. USA

4.4.6.1. Boxcars
Carro chiuso a carrelli, 600 unità, con una massa di 4944 Kg erano molto pesanti per l'utilizzo sui binari usati in guerra. Altri dati: capacità 16,9 m3, lunghezza ai ganci 7,4 m, larghezza 2 m, altezza 2,6 m, altezza del pavimento 0,72 m, diametro ruote 0,4 m.

Illustrazione 113: Foto di fabbrica di un carro chiuso americano. (da foto da catalog.archives.gov)

4.4.6.2. Tank cars
Carro cisterna a carrelli, costruito in 166 unità, aveva una massa di 5534 Kg, capacità 7571 l, lunghezza 7,4 m, larghezza 1,7 m, diametro ruote 0,4 m.

4.4.6.3. Flatcars
Carro piatto a carrelli, 500 unità, massa 3630 Kg, portata 9980 Kg, lunghezza 7,3 m, larghezza 1,7 m, diametro ruote 0,4 m. Erano dotati di stanti rimovibili. Tra i costruttori si elencano: Ralston Steel Car e Magor Car.

4.4.6.4. Gondolas

Carro a sponde basse a carrelli, 1555 unità, massa 4081 Kg, portata 9980 Kg, lunghezza 7,4 m, larghezza 1,7 m, diametro ruote 0,4 m. La sponda laterale era divisa in due metà ribaltabili separatamente. Furono costruiti tra gli altri da Magor Car Co. , American Car & Foundry Co.

4.4.6.5. Dump cars

Carro con cassone ribaltabile a due assi. Furono costruiti in alcune varianti anche molto diverse, con cassone a V o squadrato. I dati di quelli costruiti da Kilbourne & Jacobs Manufacturing Co. Sono: 330 unità, lunghezza 2,1 m, larghezza 1,4 m, diametro ruote 0,356 m. Altro costruttori sono stati: Western Weel ed Scarper Co. , Lakewood Engineering Co. Cleeveland.

4.4.6.6. Artillery truck cars
Carro a due assi, 100 unità

4.4.6.7. Hand cars
Carro a due assi, 300 unità

4.4.6.8. Push cars
Carro leggero a due assi, 990 unità

Illustrazione 114: Carrello standard per vagoni americani con scartamento di 0.6 m. (da foto catalog.archives.gov)

5. Disegni

Di seguito alcuni disegni di veicoli utilizzati sulle ferrovie portatili con scartamenti di 0,6 m, 0,7 m, 0,75 m e 1,435 m. Come già scritto i disegni sono tutti fatti da me e non sono sempre precisi ma rendono l'aspetto generale dei veicoli rappresentati.

5.1.1.1. IT locomotiva Porter a 2 assi

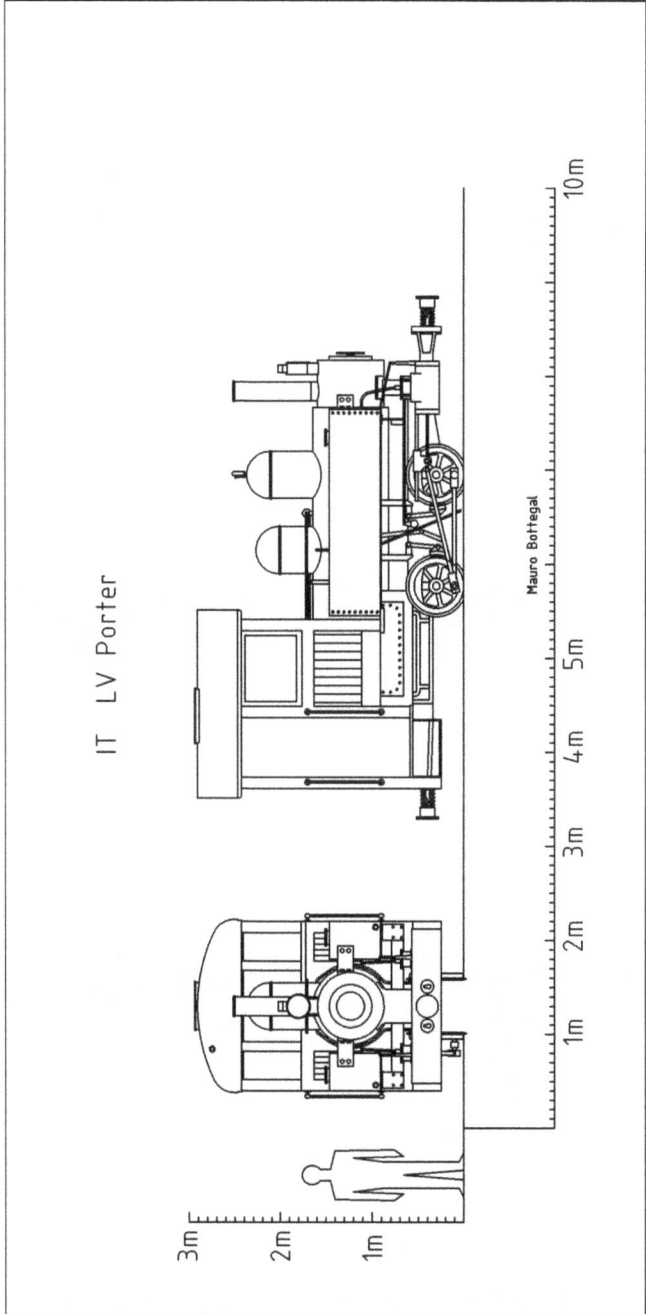

IT LV Porter

Mauro Bottegal

5.1.1.2. IT locomotiva Porter nella versione del dopoguerra

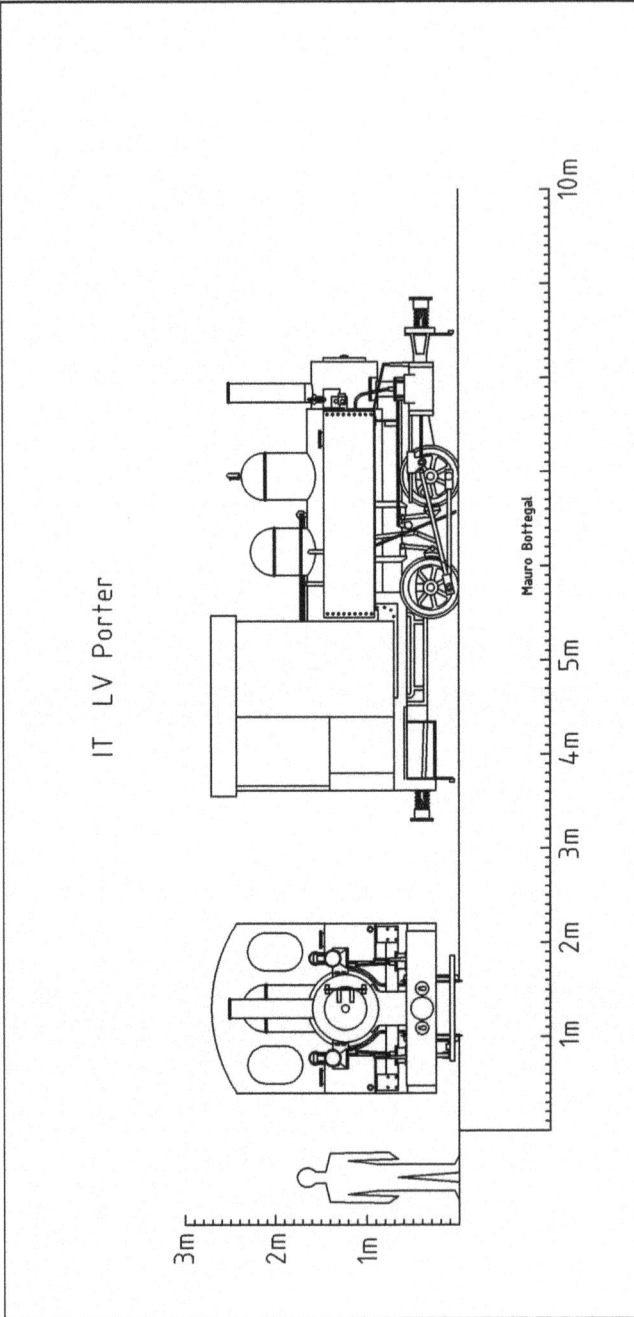

IT LV Porter

Mauro Bottegal

10m

5m

4m

3m

2m

1m

3m

2m

1m

5.1.1.3. IT Locomotiva Reggiane 0,75 m

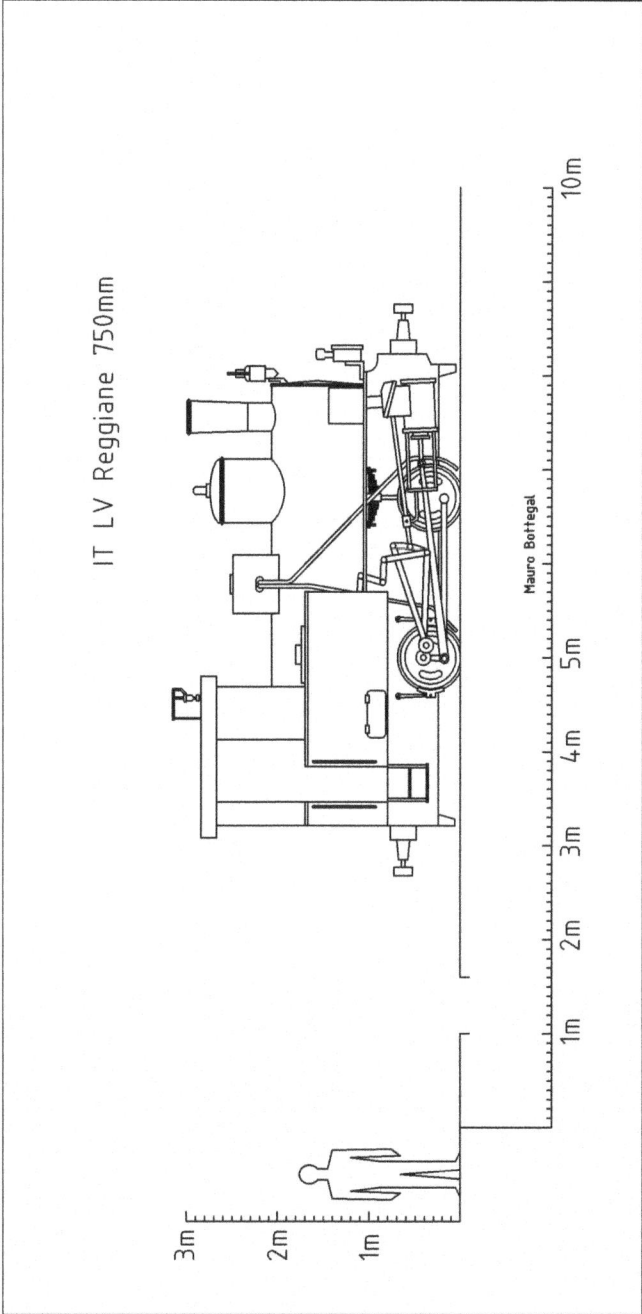

IT LV Reggiane 750mm

Mauro Bottegal

5.1.1.4. AU locomotiva Tipo 3

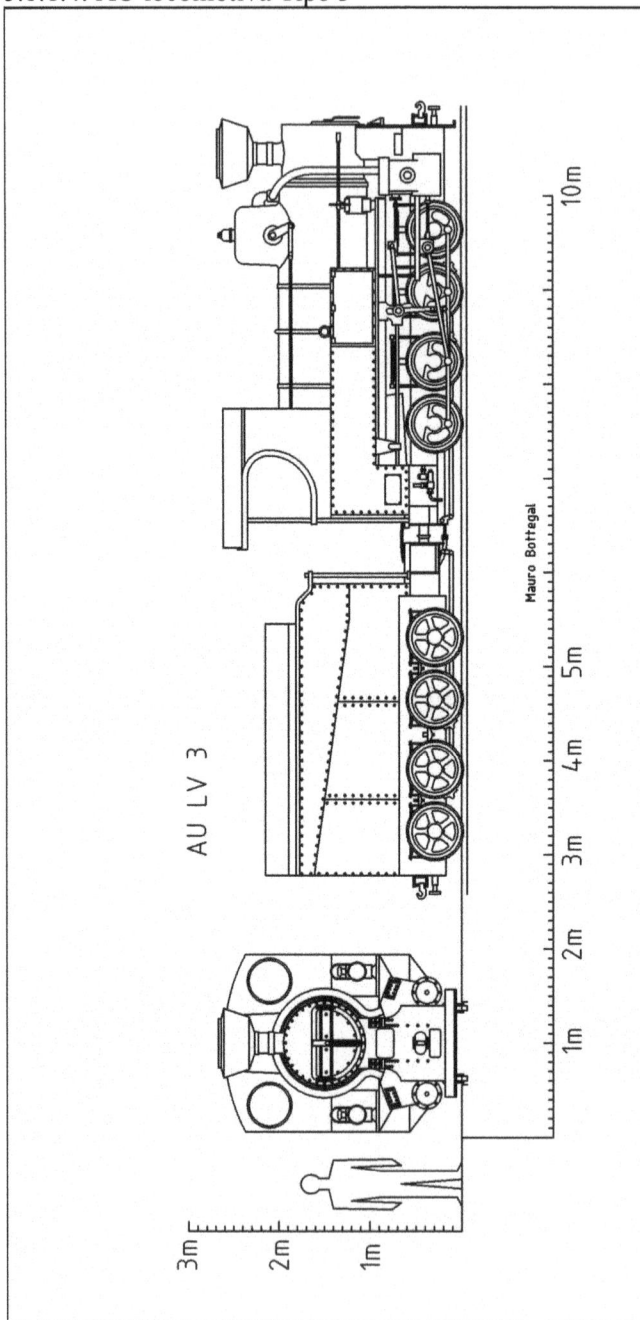

AU LV 3

Mauro Bottegal

5.1.1.5. AU locomotiva Tipo 4

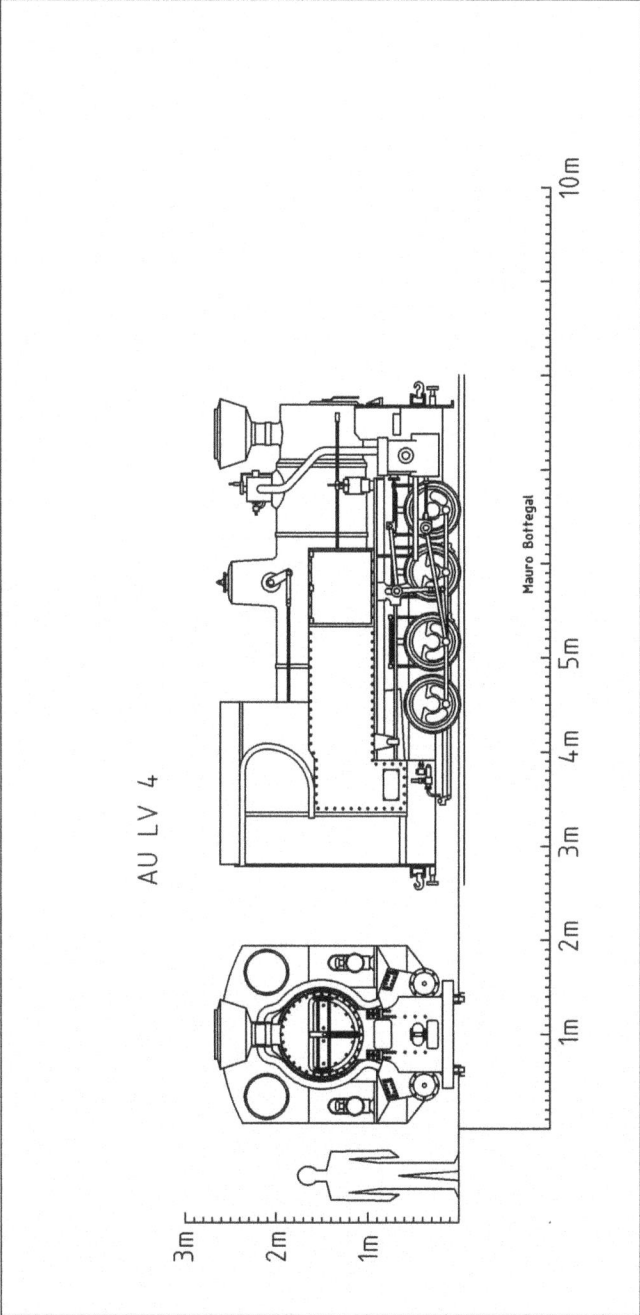

AU LV 4

Mauro Bottegal

5.1.1.6. AU locomotiva RIIIc 0,6 m

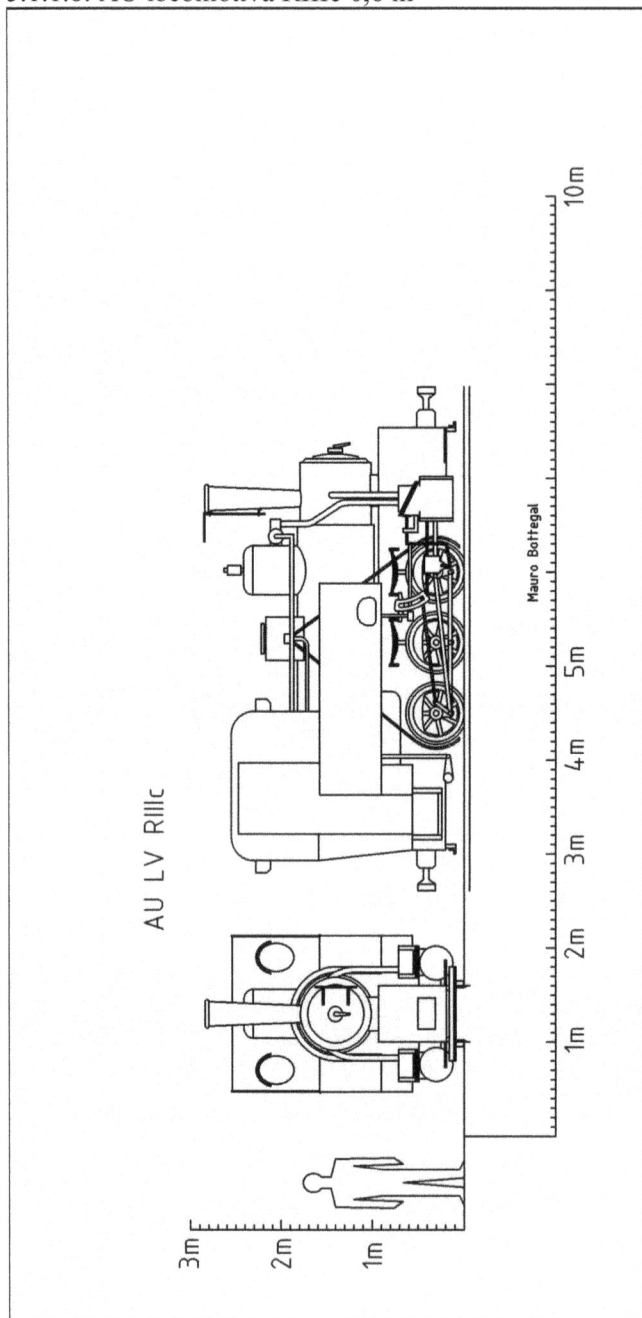

AU LV RIIIc

Mauro Bottegal

10 m

5 m 4 m 3 m 2 m 1 m

3 m 2 m 1 m

5.1.1.7. AU locomotiva RIIIc Henschel 0,6 m

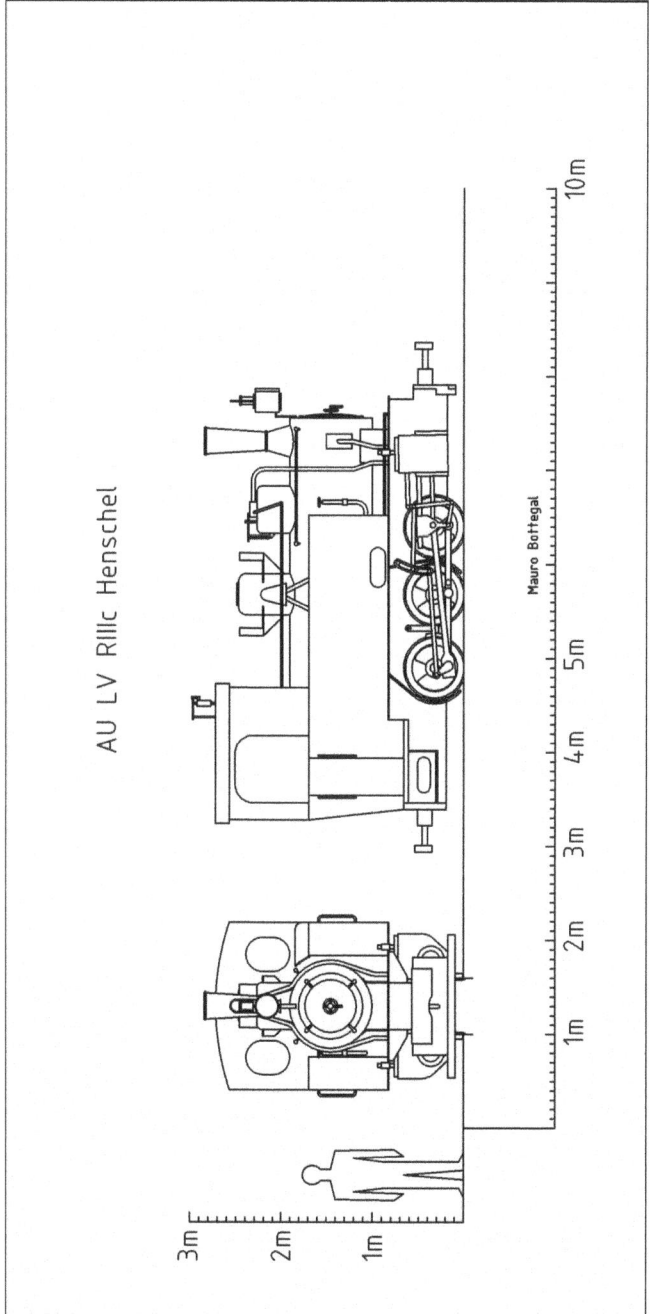

AU LV RIIIc Henschel

Mauro Bottegal

143

5.1.1.8. DE locomotiva gemella Zwillinge

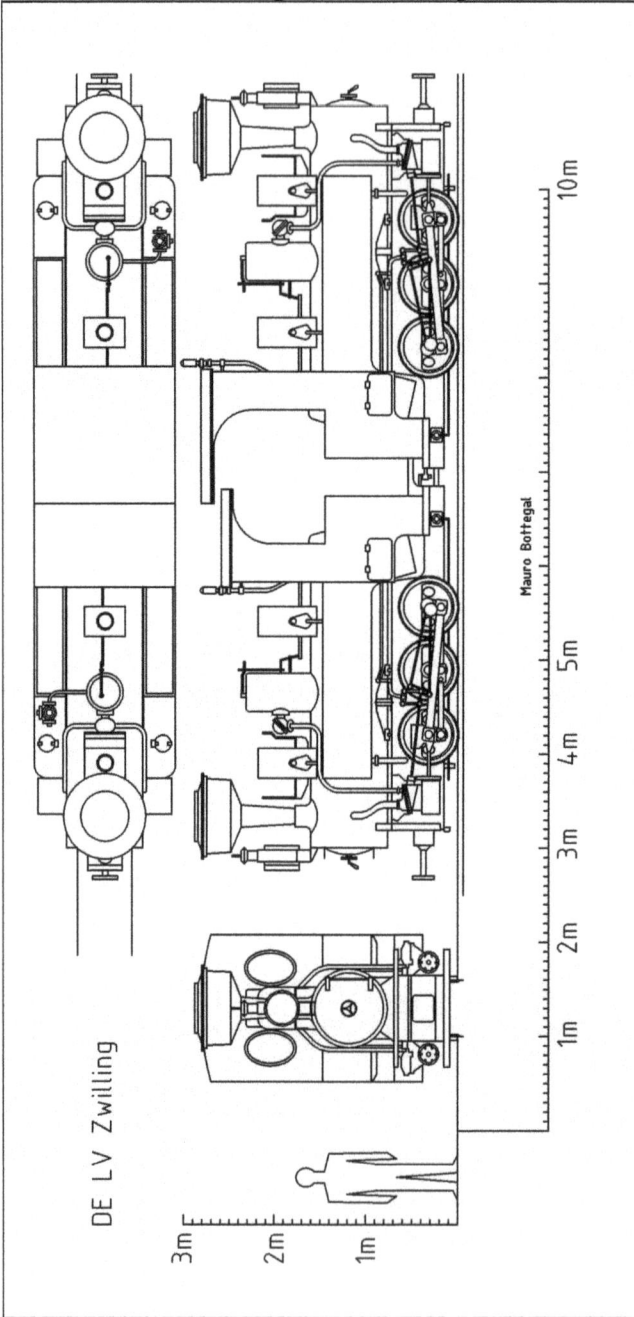

DE LV Zwilling

Mauro Bottegal

3m 2m 1m

1m 2m 3m 4m 5m 10m

5.1.1.9. DE locomotiva Brigadelok

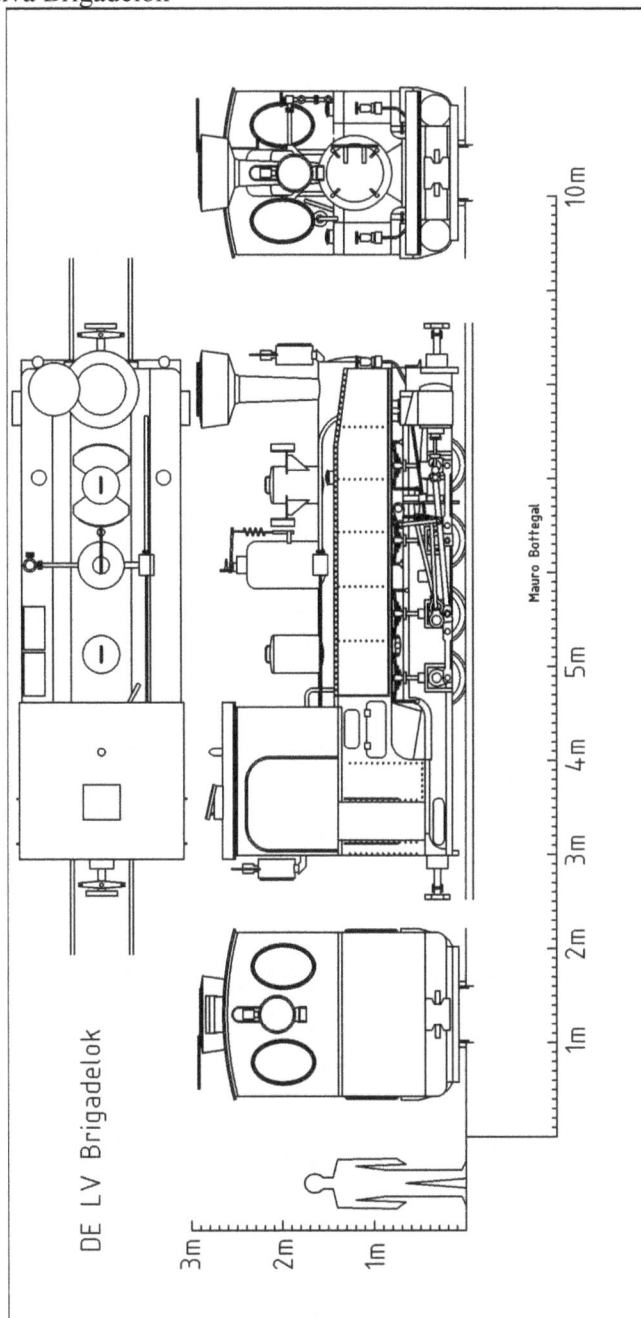

DE LV Brigadelok

Mauro Bottegal

5.1.1.10. DE tender Brigadetender

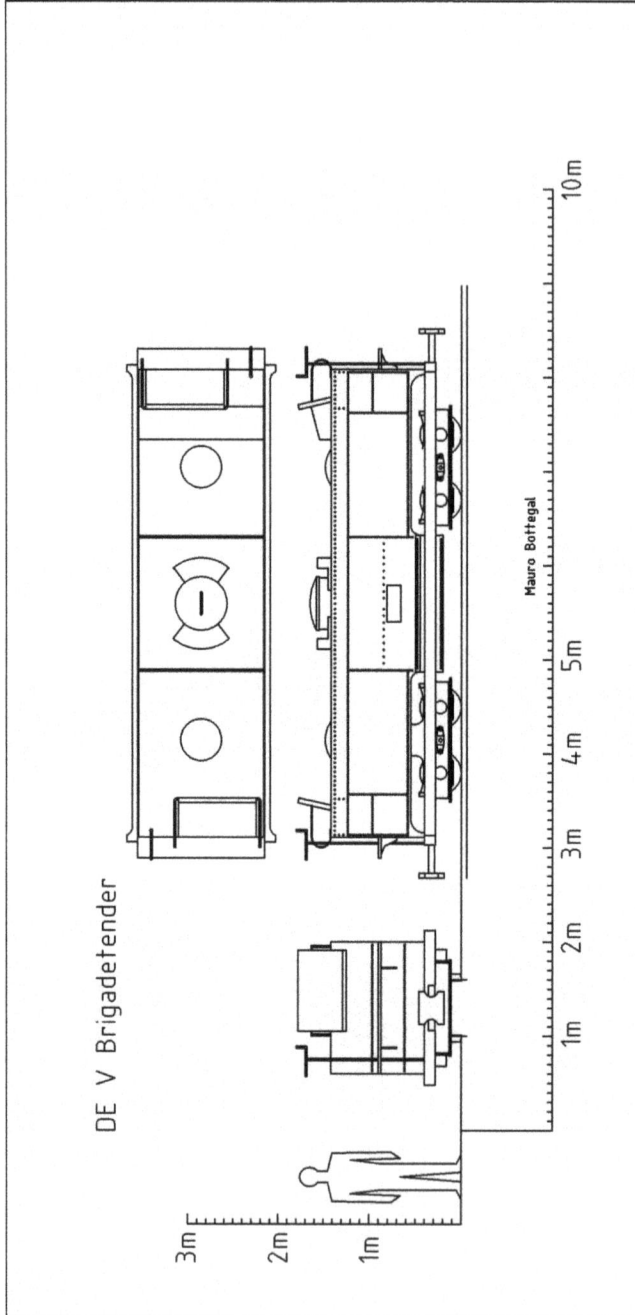

DE V Brigadetender

Mauro Bottegal

5.1.1.11. DE locomotiva En2t

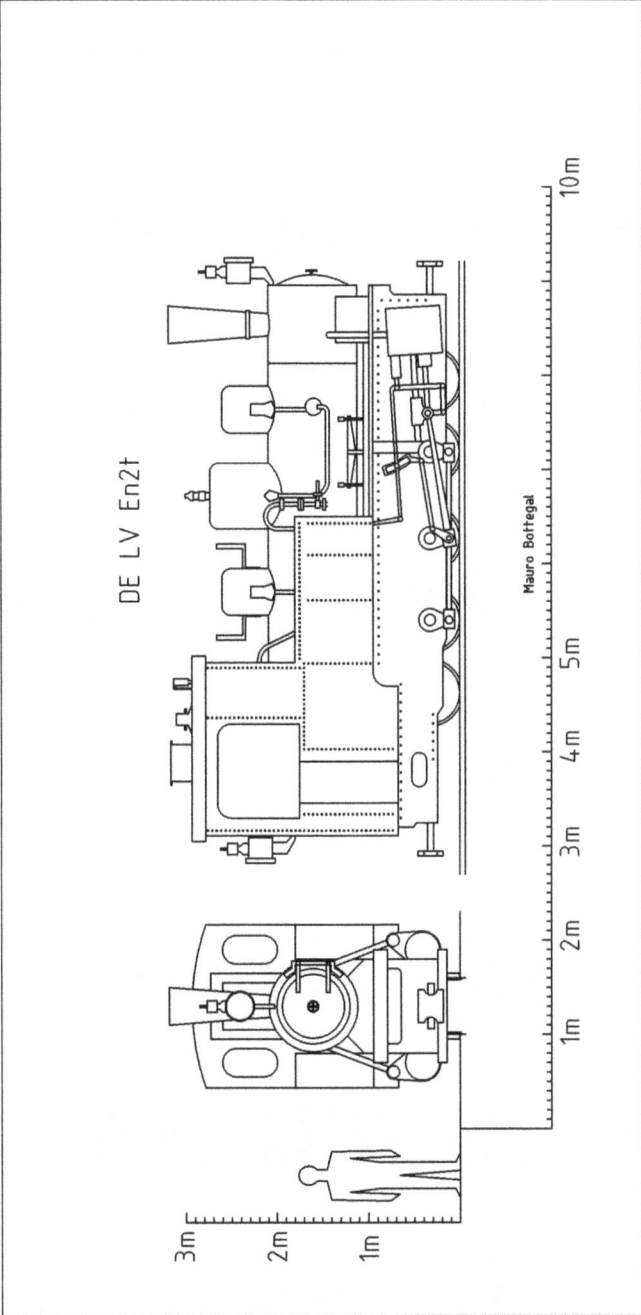

DE LV En2t

Mauro Bottegal

5.1.1.12. FR locomotiva Pechot-Bourdon

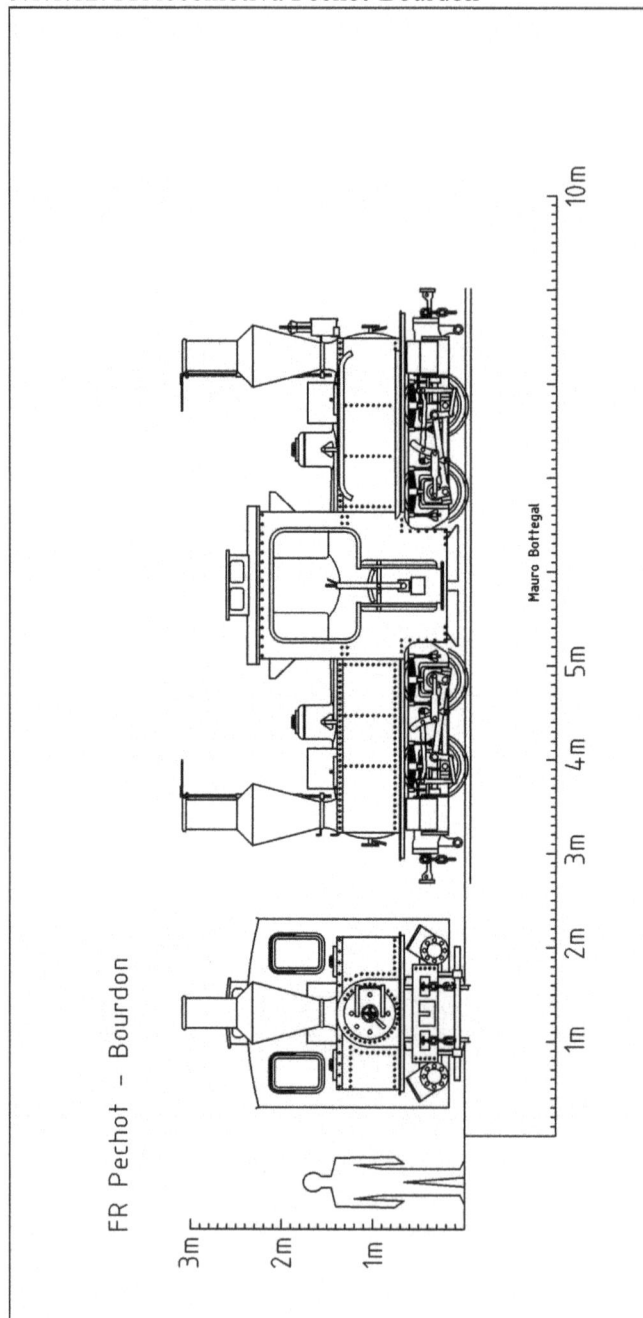

FR Pechot – Bourdon

Mauro Bottegal

5.1.1.13. FR locomotiva Decauville 6,5t

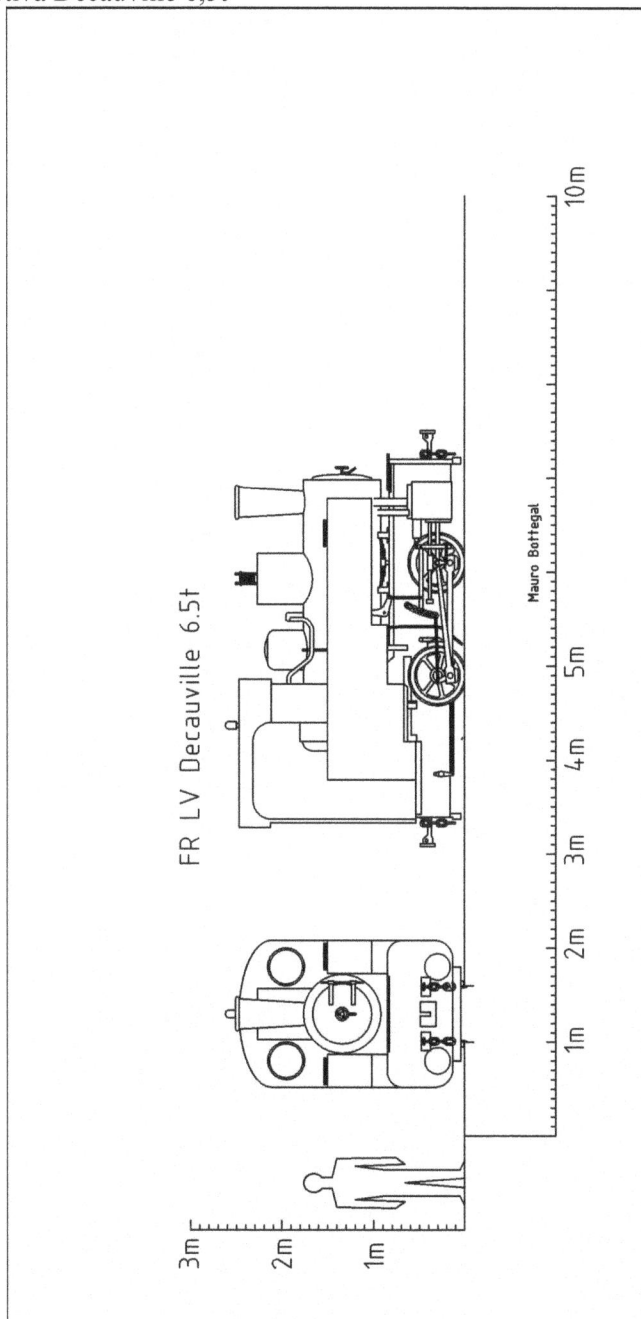

FR LV Decauville 6.5t

Mauro Bottegal

5.1.1.14. FR locomotiva Decauville 8t

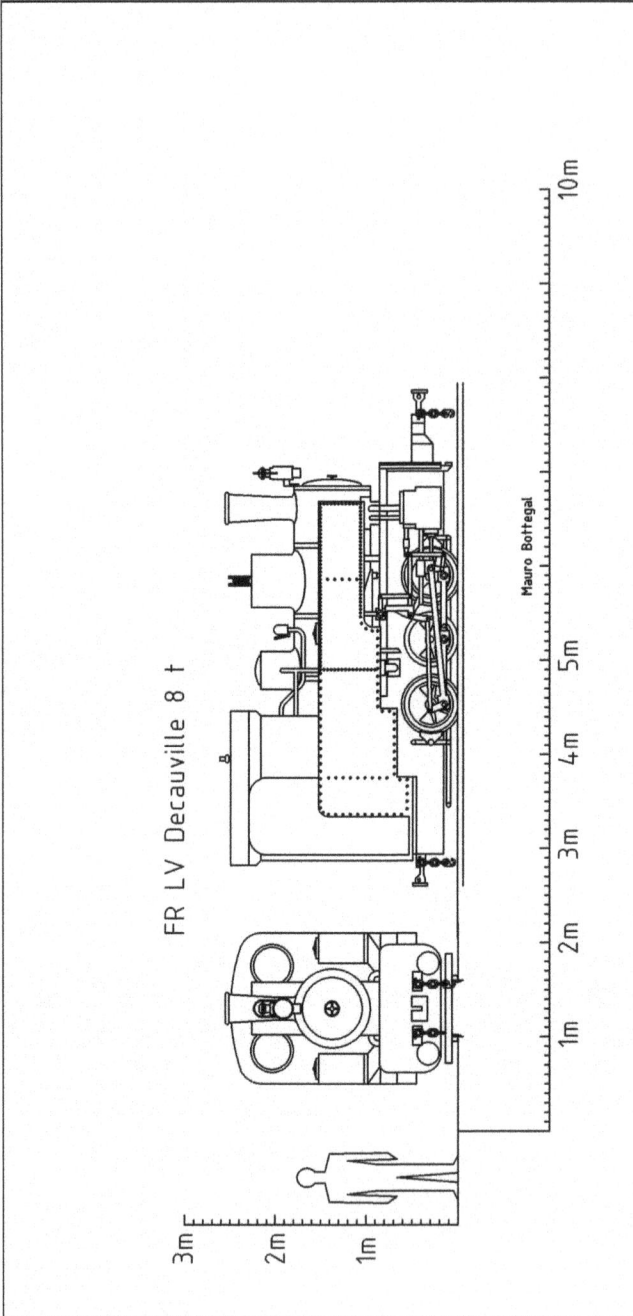

FR LV Decauville 8 t

Mauro Bottegal

150

5.1.1.15. FR locomotiva Joffre

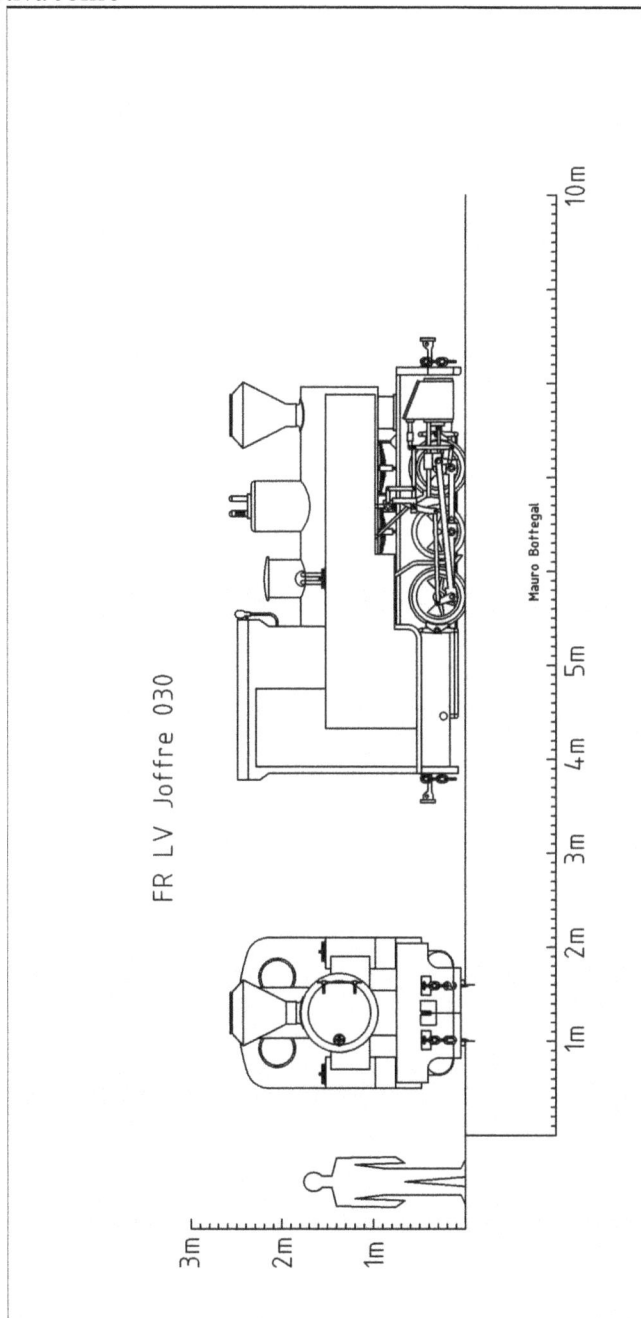

FR LV Joffre 030

Mauro Bottegal

5.1.1.16. FR locomotiva Baldwin

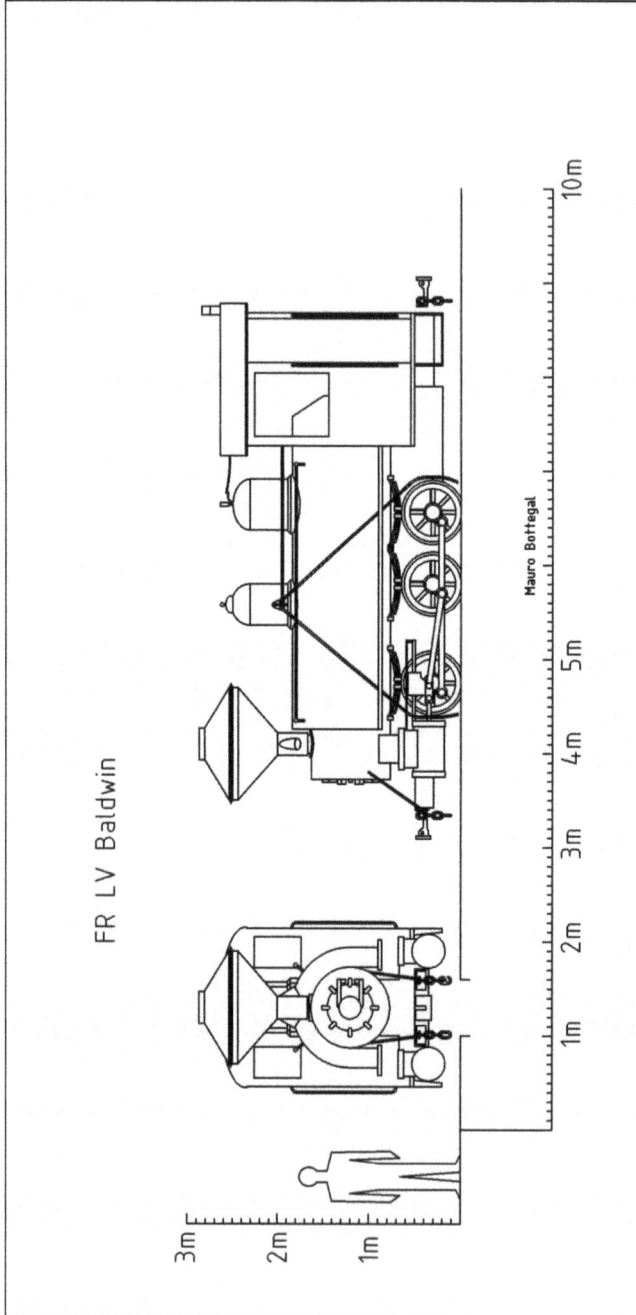

FR LV Baldwin

Mauro Bottegal

10m 5m 4m 3m 2m 1m

3m 2m 1m

5.1.1.17. UK locomotiva Houdson 0-6-0WT

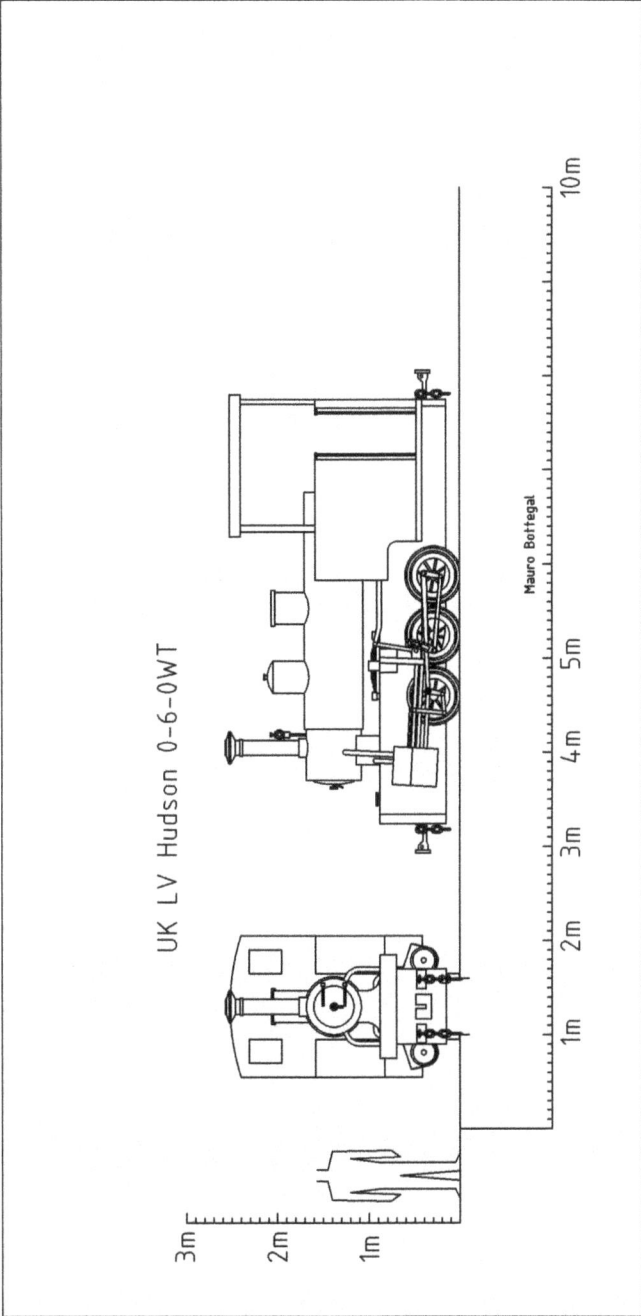

UK LV Hudson 0-6-0WT

Mauro Bottegal

5.1.1.18. UK locomotiva Hunslet

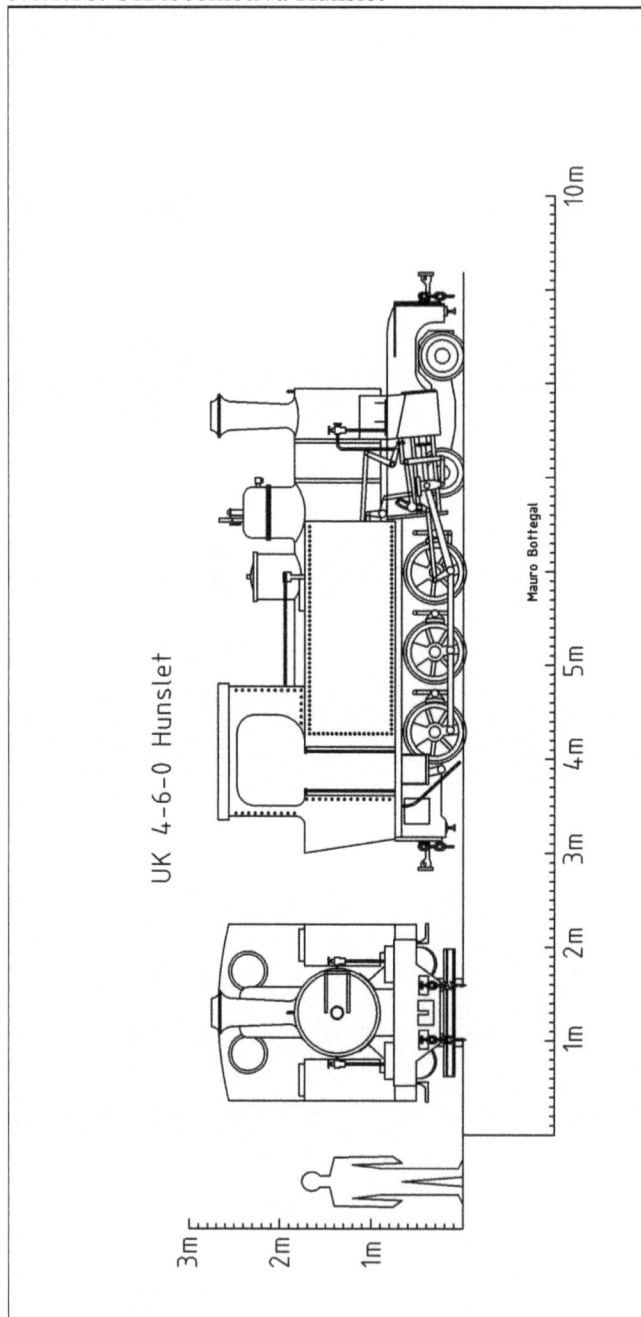

UK 4-6-0 Hunslet

Mauro Bottegal

5.1.1.19. UK locomotiva Baldwin

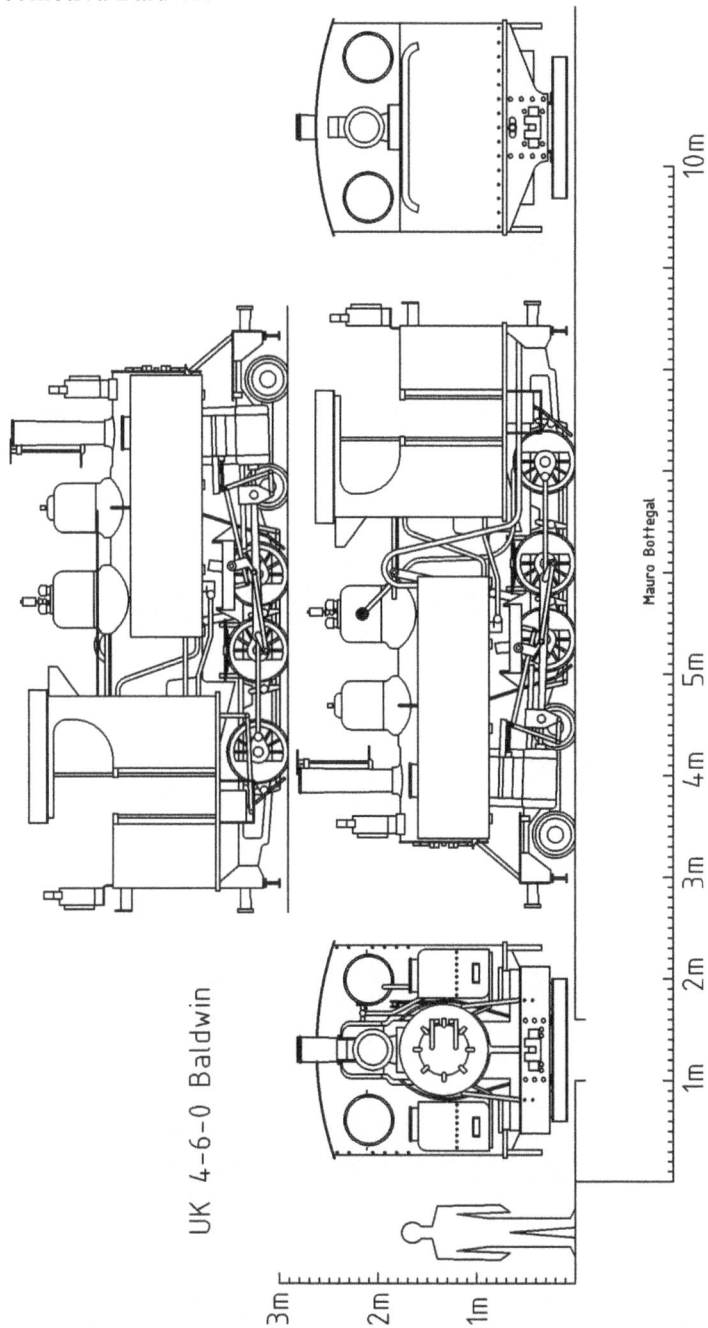

UK 4-6-0 Baldwin

Mauro Bottegal

1m 2m 3m 4m 5m 10m

1m 2m 3m

5.1.1.20. US locomotiva Baldwin

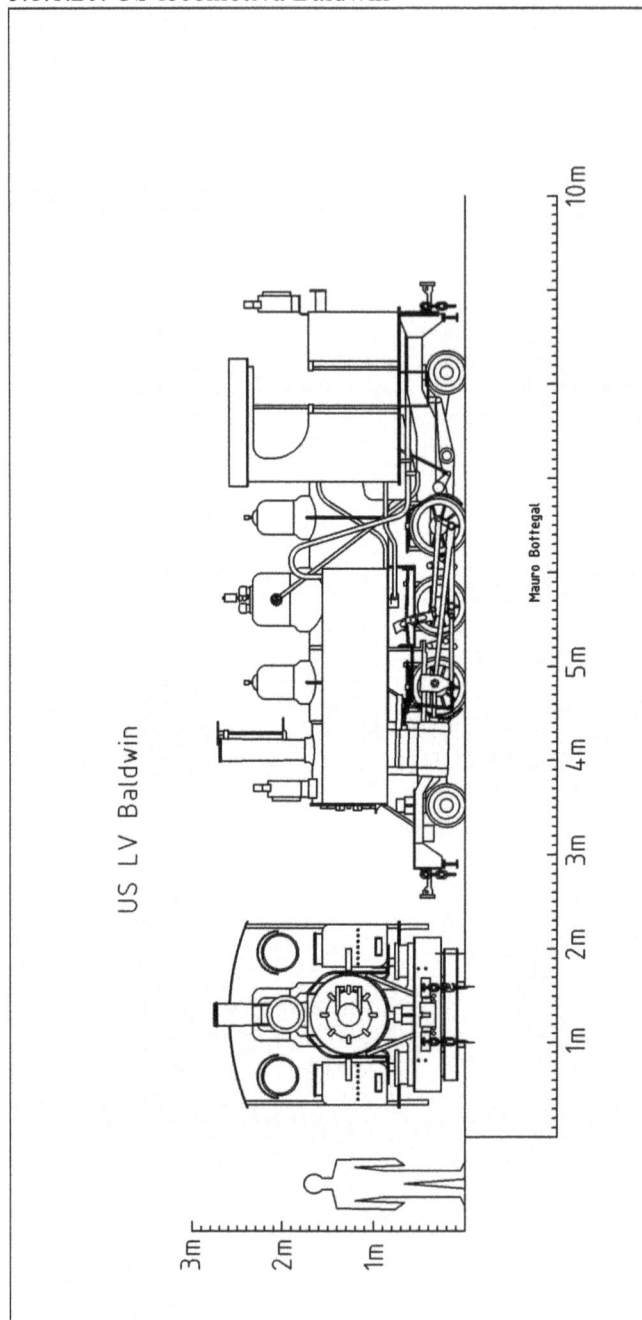

US LV Baldwin

Mauro Bottegal

10m

5m 4m 3m 2m 1m

3m 2m 1m

5.1.1.21. AU carrello automotore Triebwagen 0,70 m

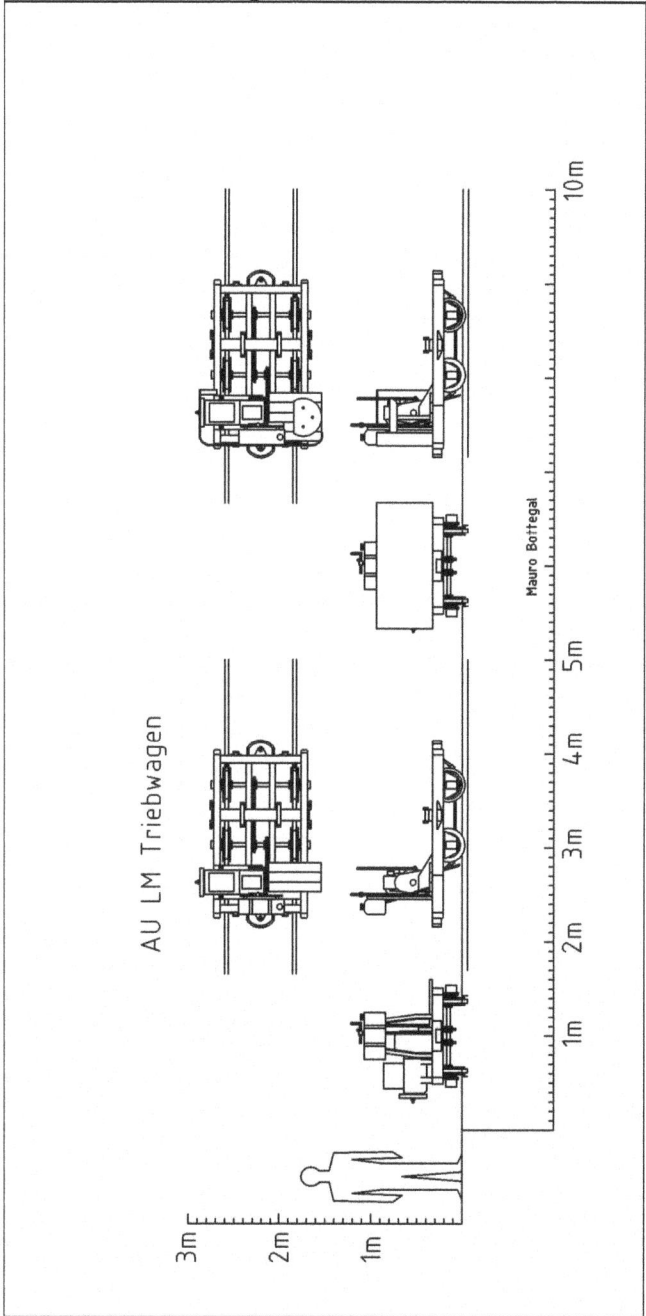

5.1.1.22. AU treno automotore Triebwagenzug 0,70 m

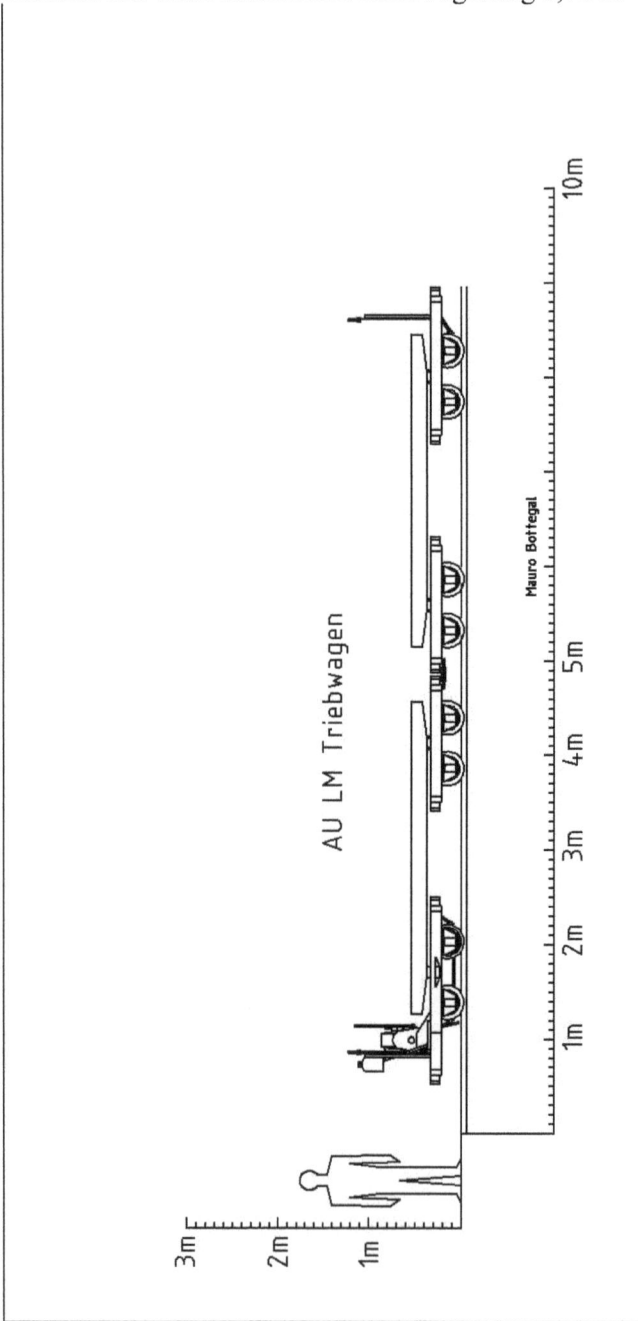

AU LM Triebwagen

Mauro Bottegal

5.1.1.23. AU Landwehr generatorwagen 1,435m

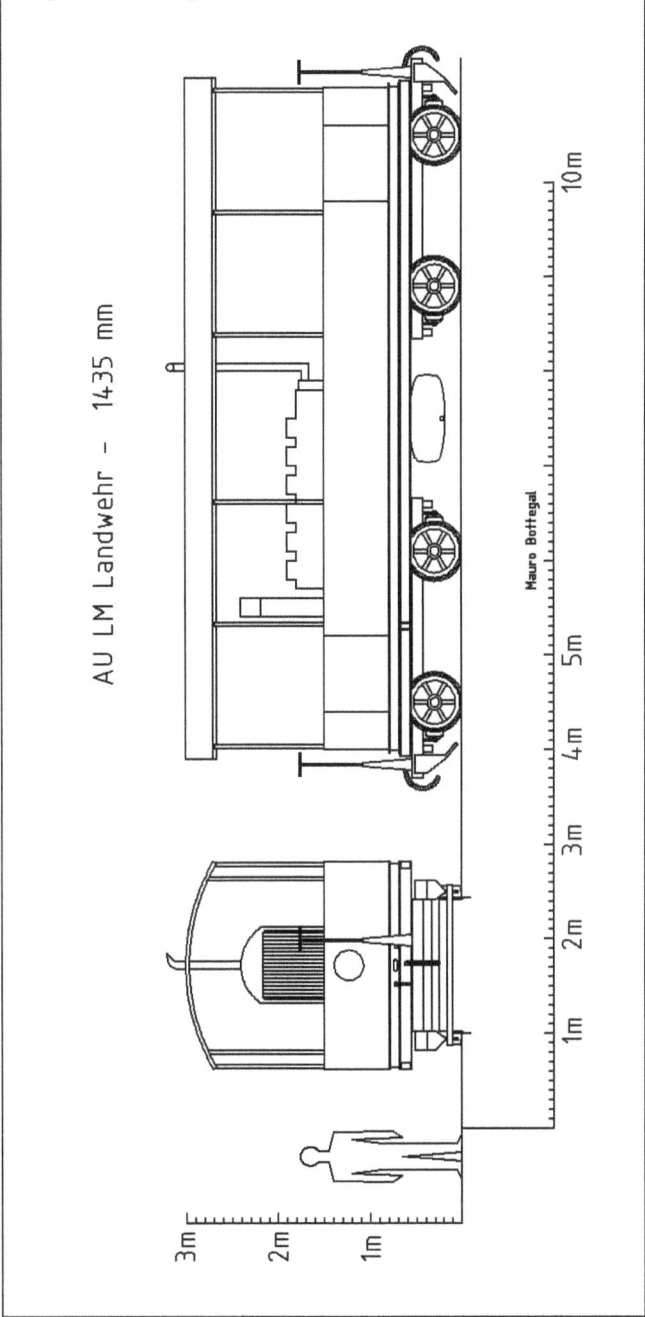

AU LM Landwehr – 1435 mm

Mauro Bottegal

5.1.1.24. AU Landwehrzug wagen 1,435 m

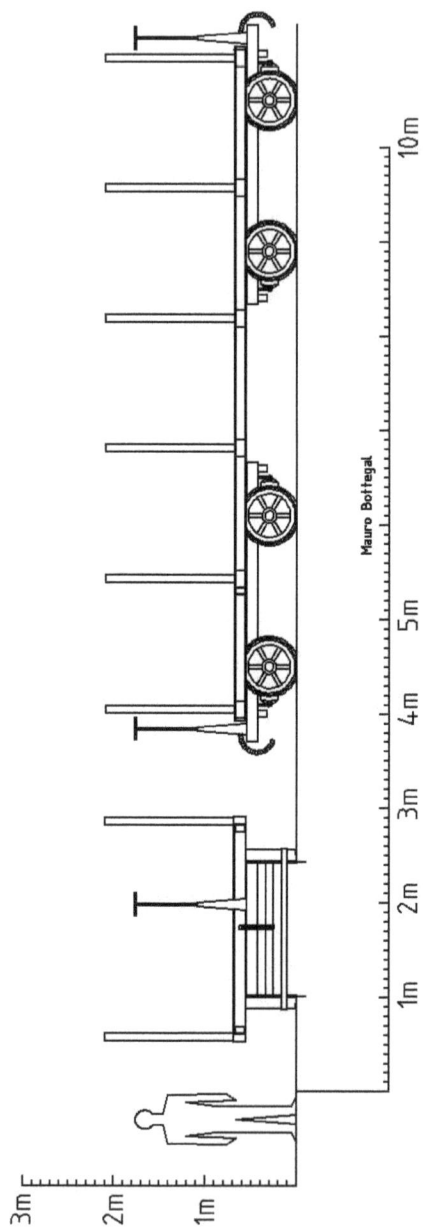

AU LM Landwehr wagen – 1435 mm

Mauro Bottegal

10m 5m 4m 3m 2m 1m

3m 2m 1m

5.1.1.25. AU carro generatore Generatorzug 0,70 m

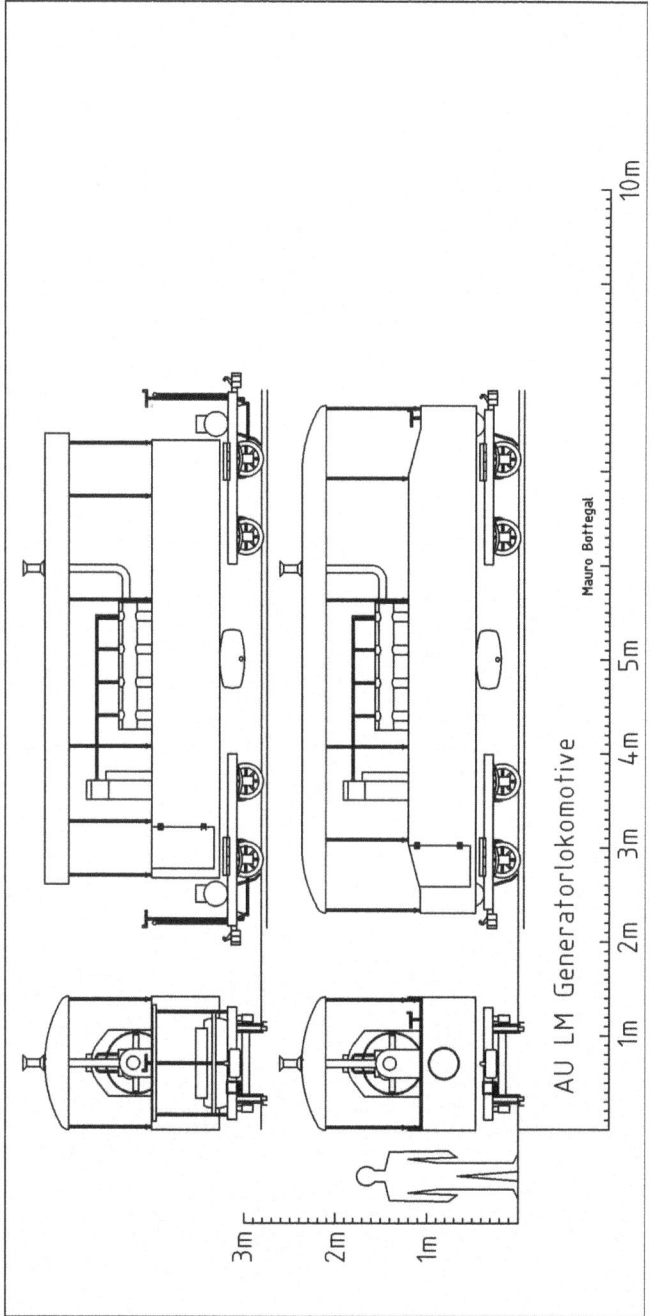

Mauro Bottegal

AU LM Generatorlokomotive

1m 2m 3m 4m 5m 10m

3m 2m 1m

161

5.1.1.26. AU vagoni per Generatorzug 0,70 m

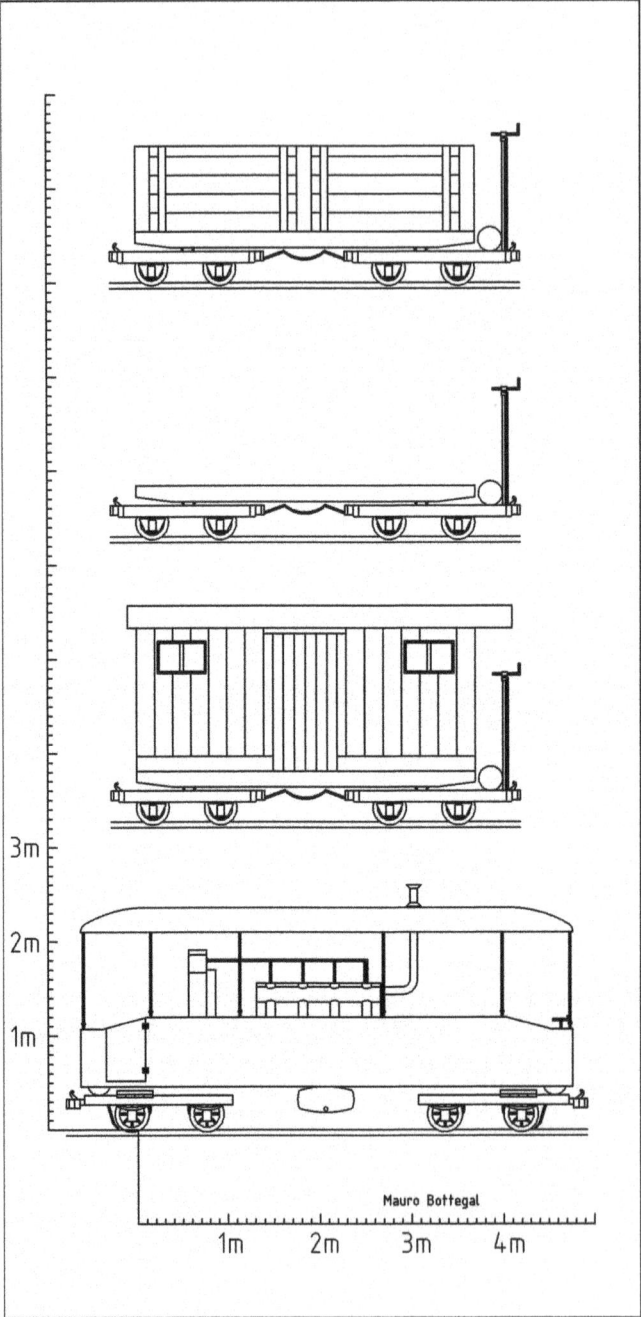

Mauro Bottegal

5.1.1.27. AU B-Zug Generatorwagen 1,435 m

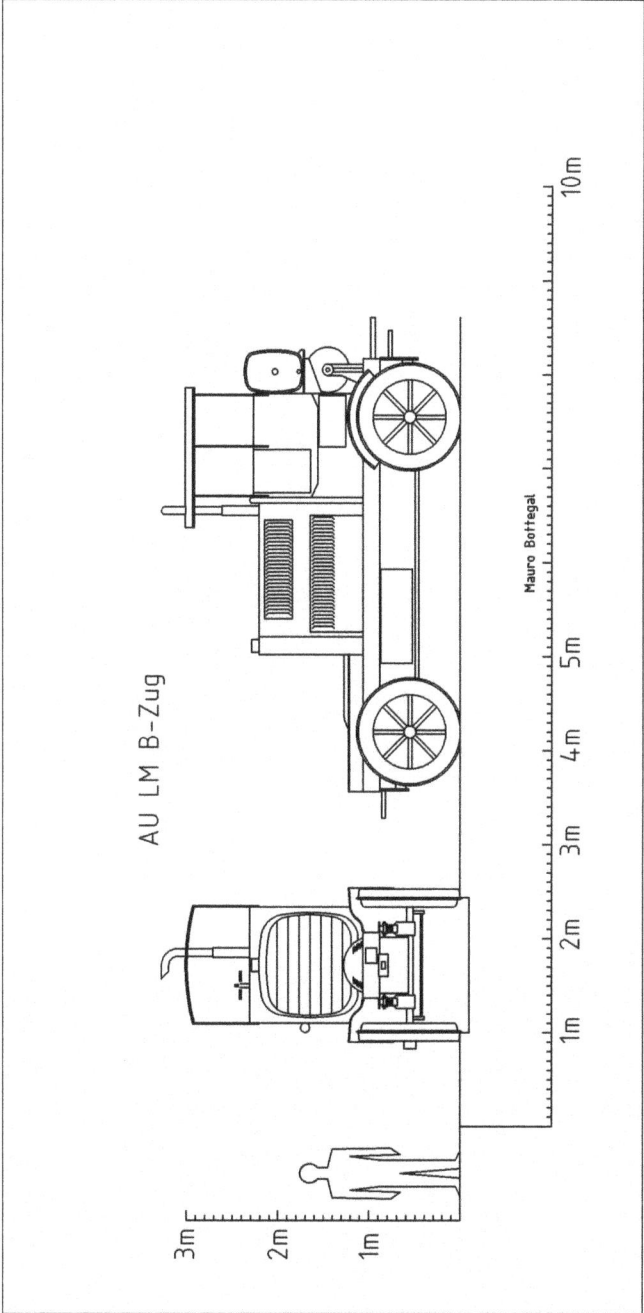

AU LM B-Zug

Mauro Bottegal

163

5.1.1.28. AU C-Zug versione ferroviaria

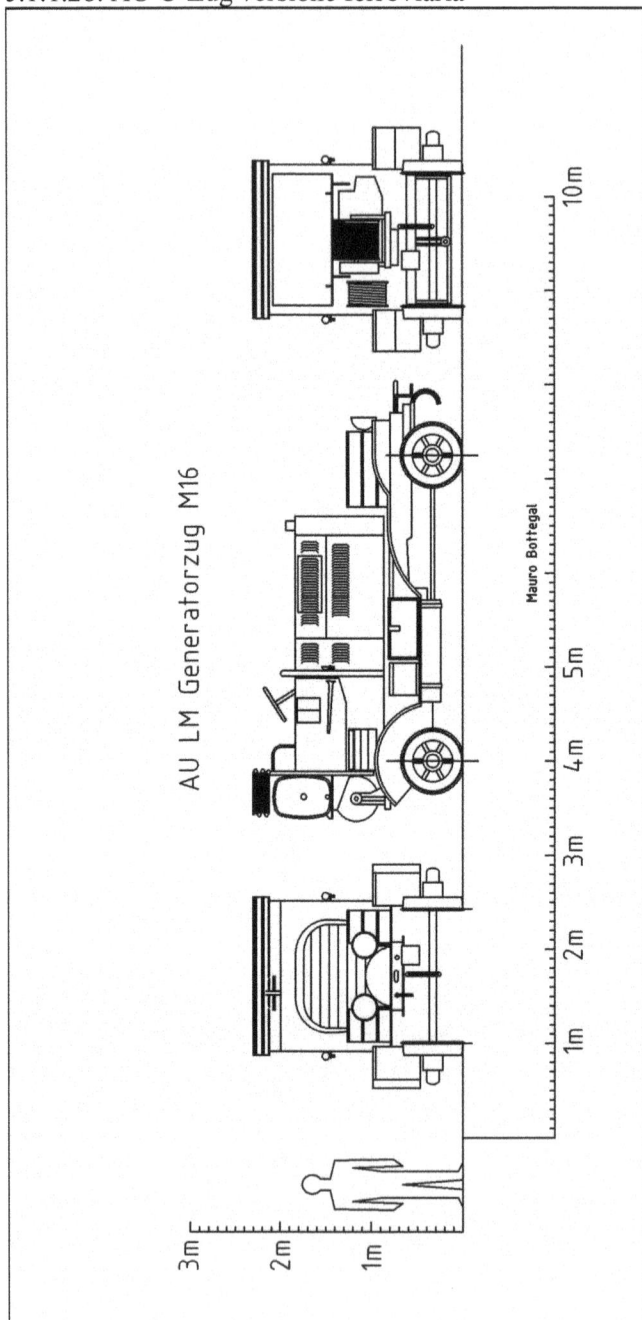

AU LM Generatorzug M16

Mauro Bottegal

10m 5m 4m 3m 2m 1m

3m 2m 1m

5.1.1.29. AU C-Zug versione stradale

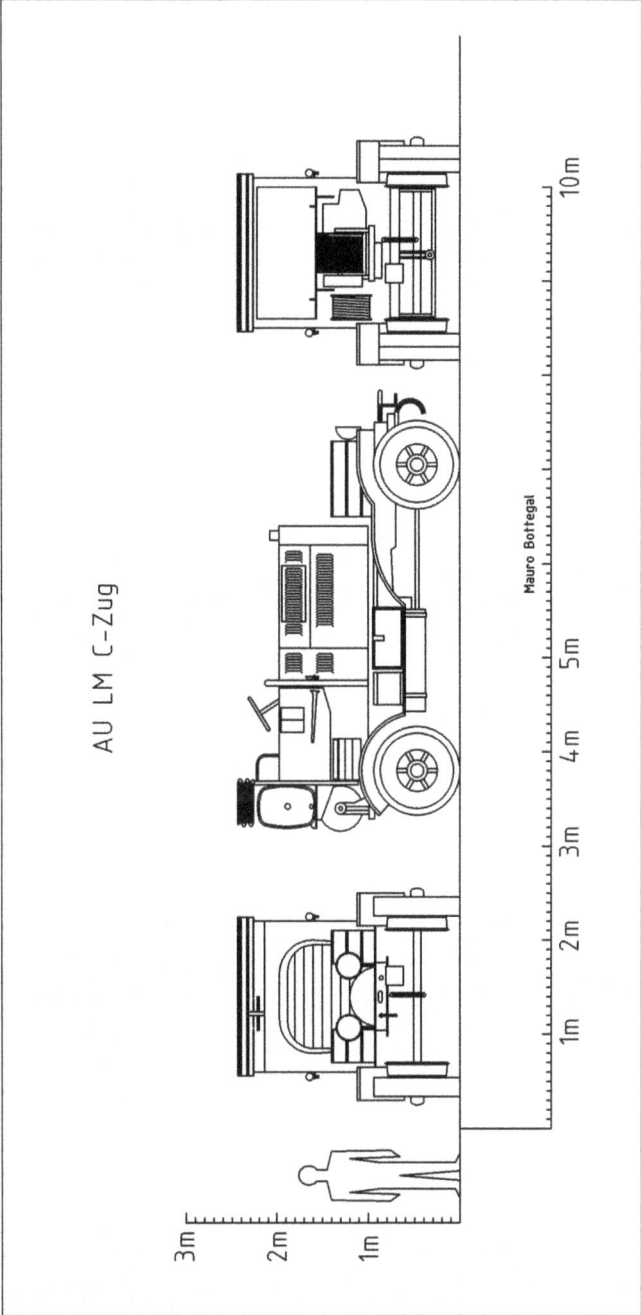

AU LM C-Zug

Mauro Bottegal

165

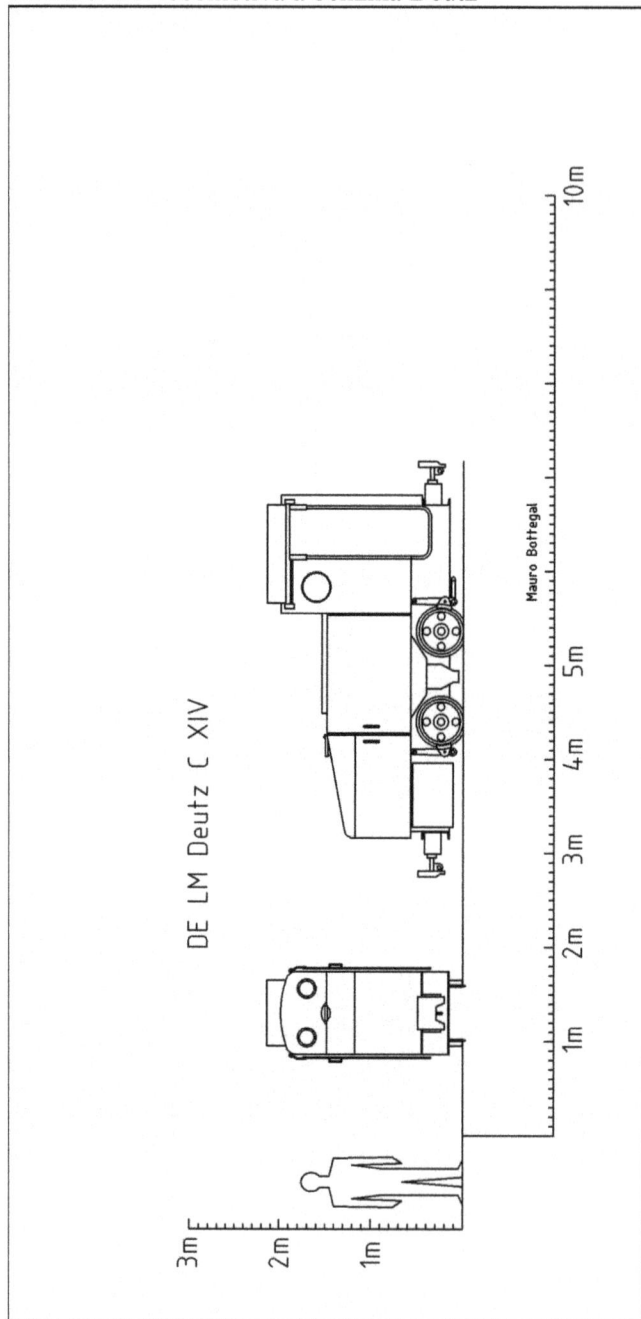

DE LM Deutz C XIV

Mauro Bottegal

5.1.1.31. FR locomotiva a benzina Schneider

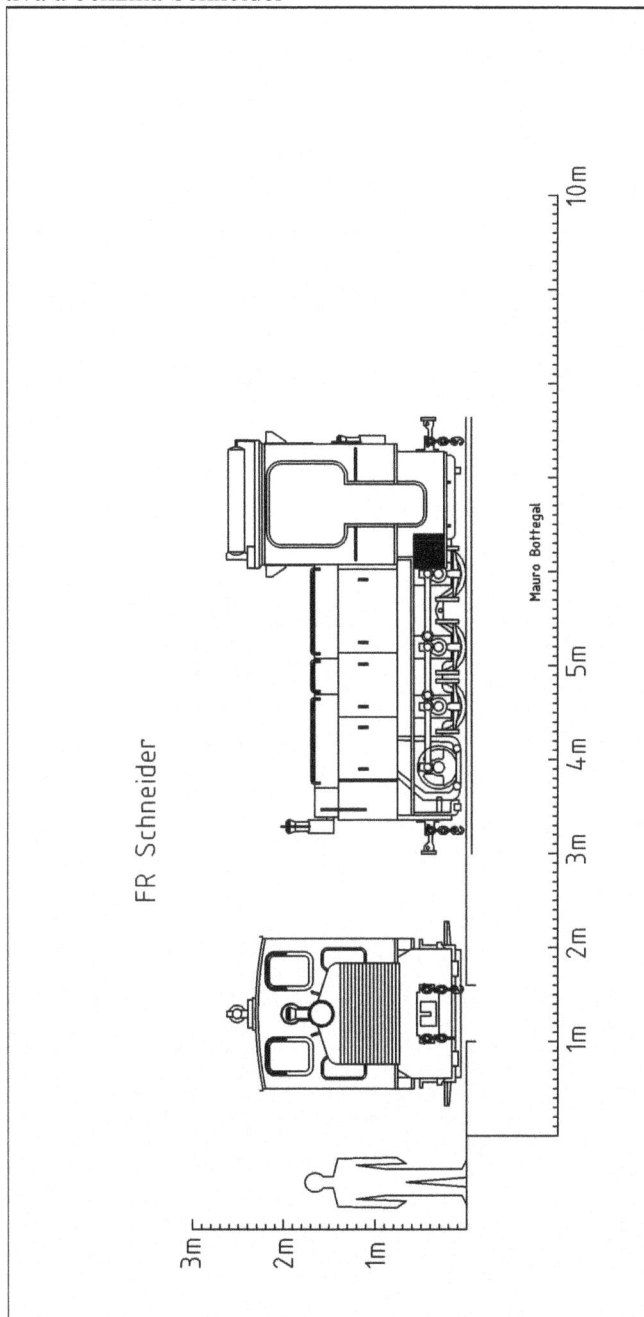

FR Schneider

Mauro Bottegal

5.1.1.32. FR locomotiva benzo-elettrica Crochat

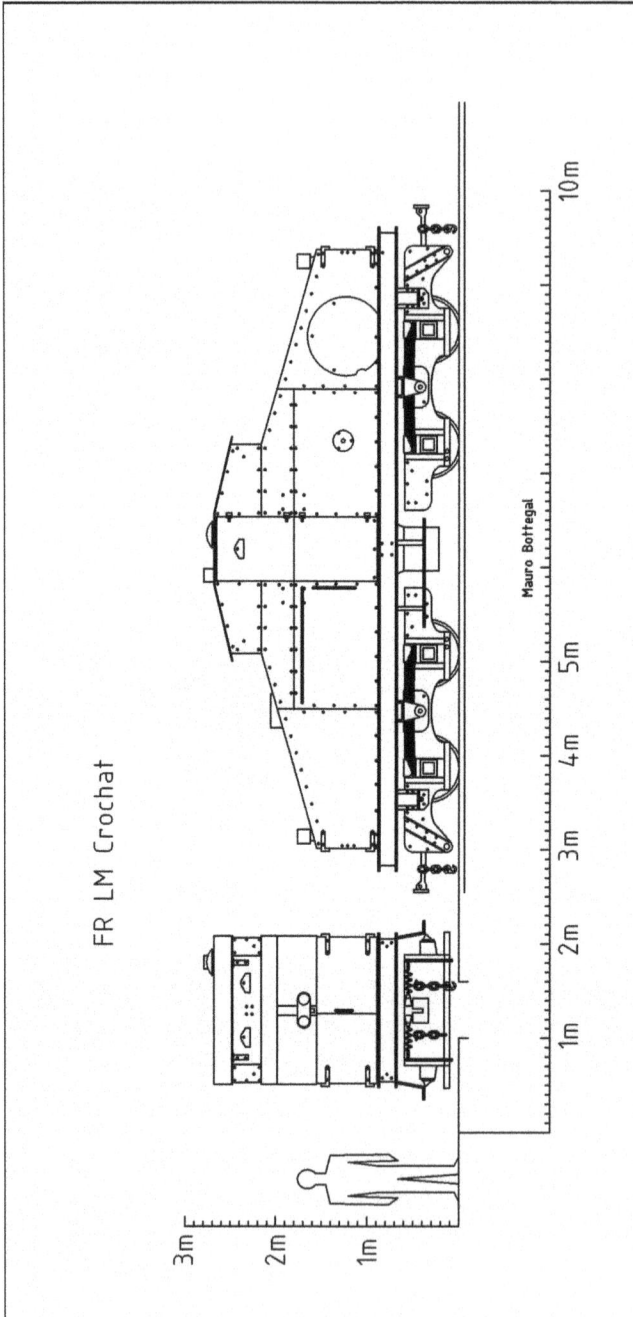

FR LM Crochat

Mauro Bottegal

1m 2m 3m 4m 5m 10m

3m 2m 1m

5.1.1.33. UK Simplex 20 HP

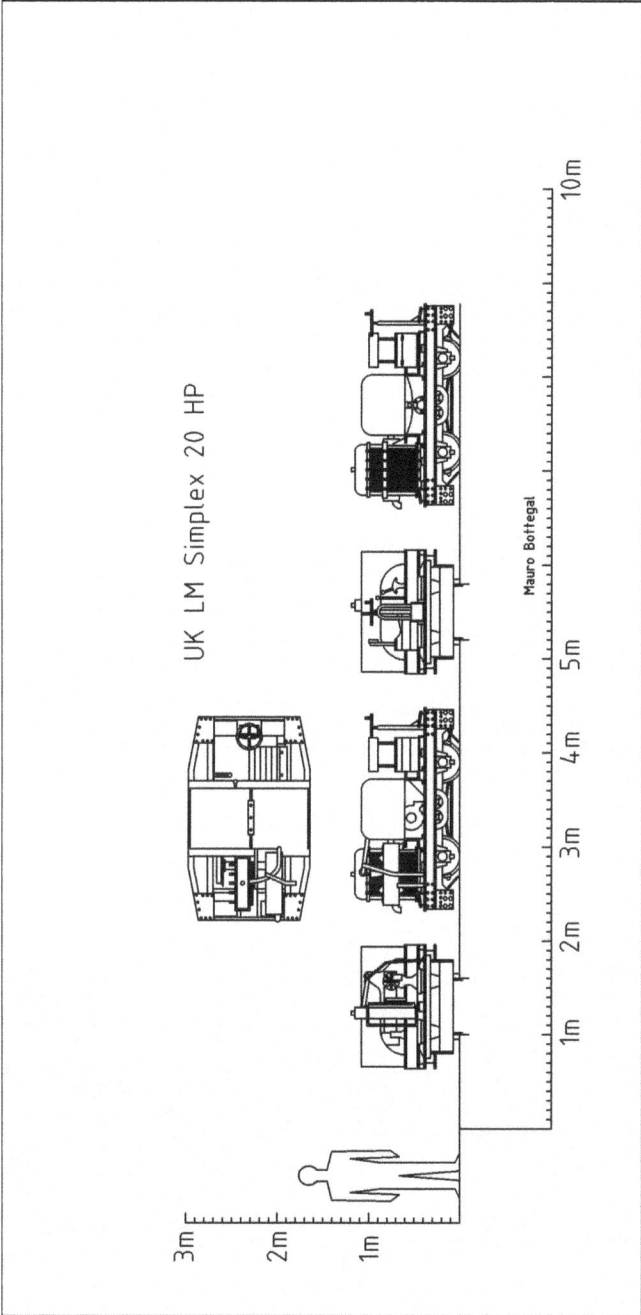

UK LM Simplex 20 HP

Mauro Bottegal

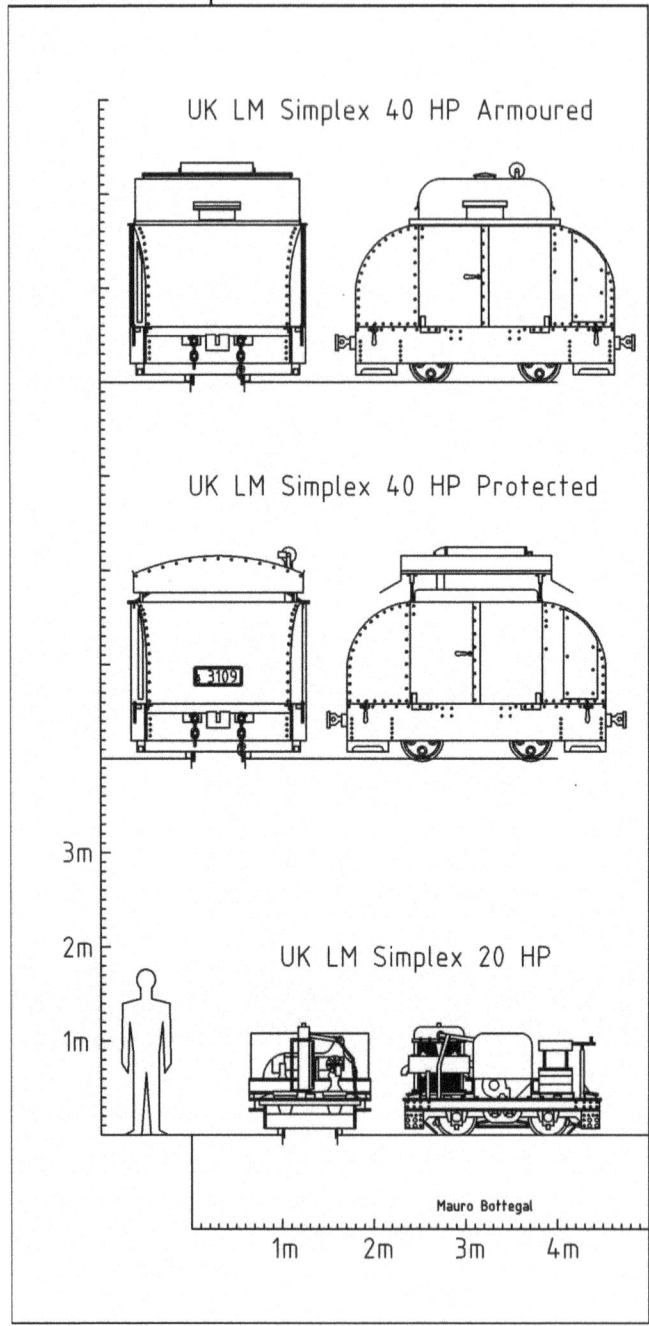

UK LM Simplex 40 HP Armoured

UK LM Simplex 40 HP Protected

3109

3m

2m

UK LM Simplex 20 HP

1m

Mauro Bottegal

1m   2m   3m   4m

5.1.1.35. UK Baguley locomotiva a benzina

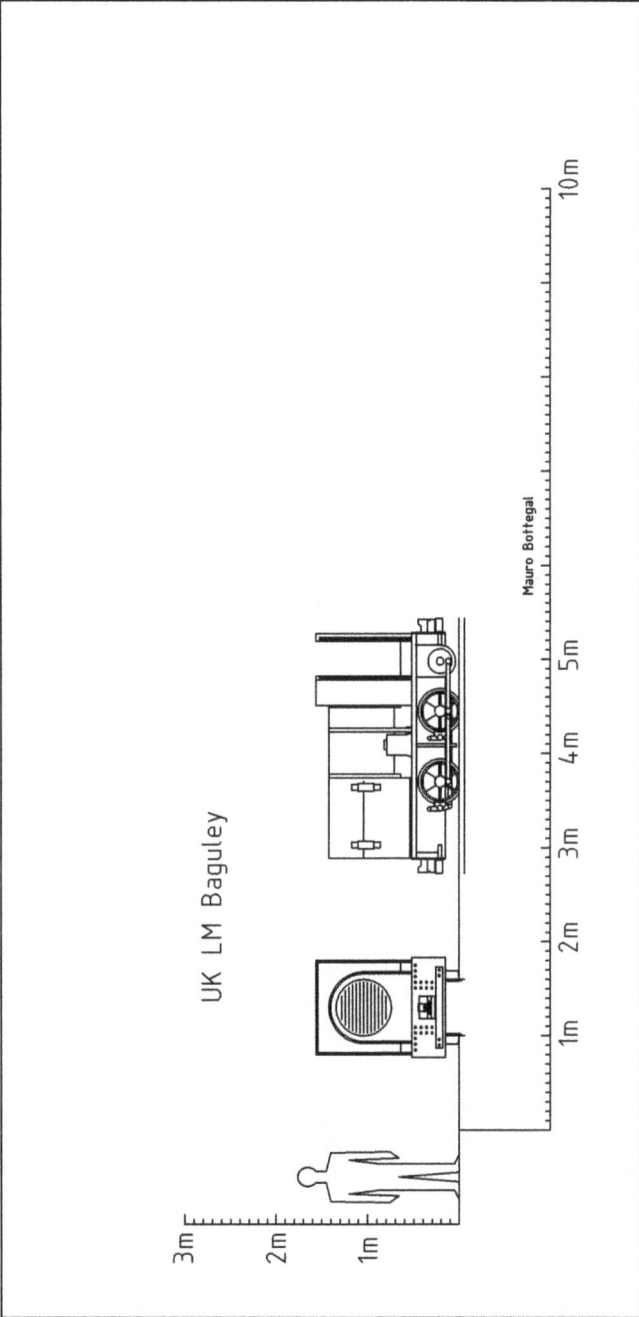

UK LM Baguley

Mauro Bottegal

5.1.1.36. UK Dick – Kerr locomotiva benzo-elettrica

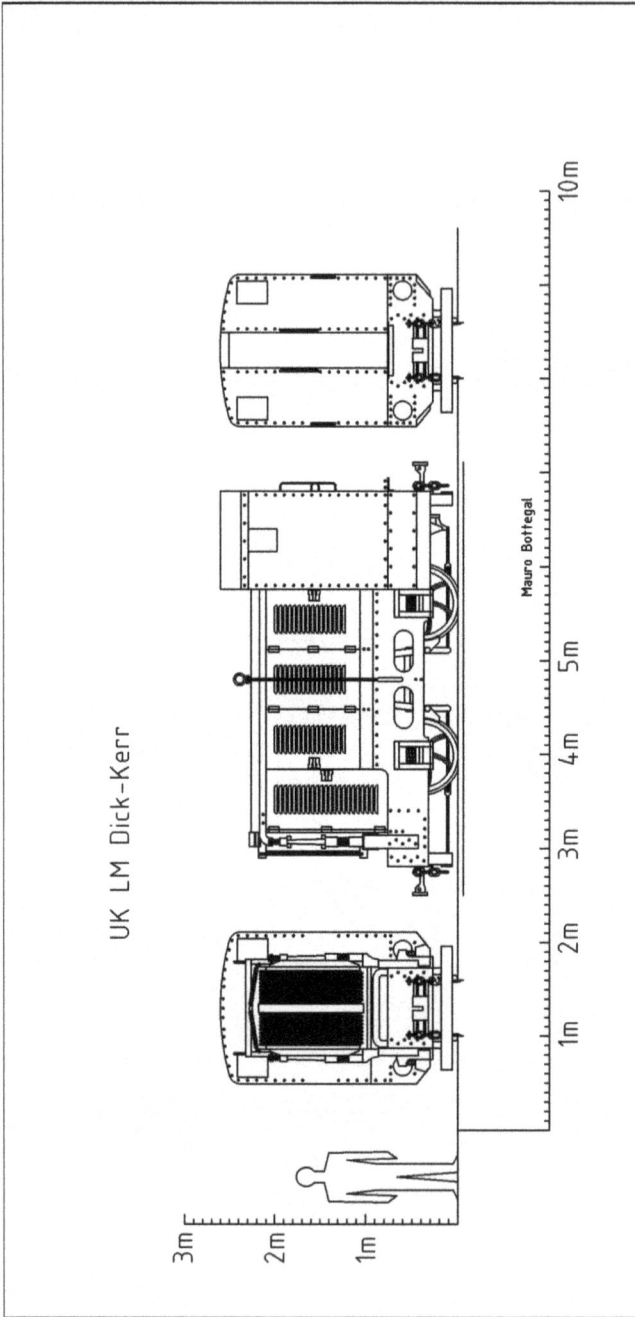

UK LM Dick-Kerr

Mauro Bottegal

1m 2m 3m 4m 5m 10m

3m 2m 1m

5.1.1.37. US Baldwin locomotiva a benzina 50 CV

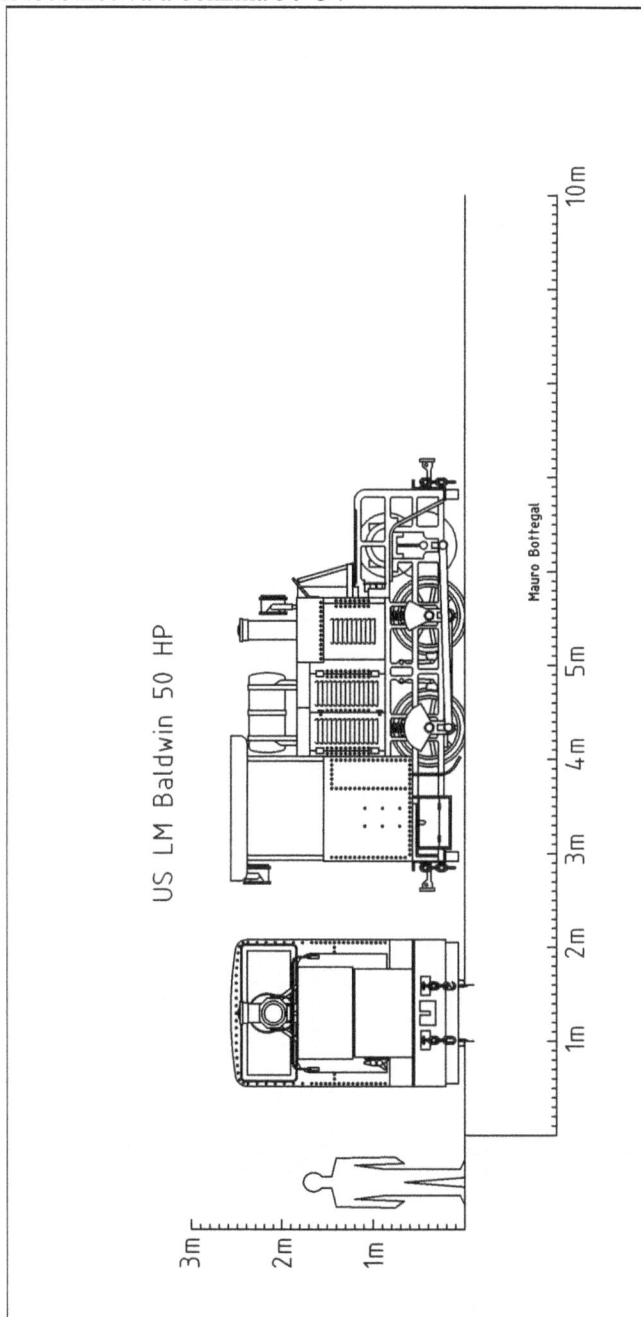

US LM Baldwin 50 HP

Mauro Bottegal

5.1.1.38. AU Elektrolokomotive locomotiva elettrica 0,70 m

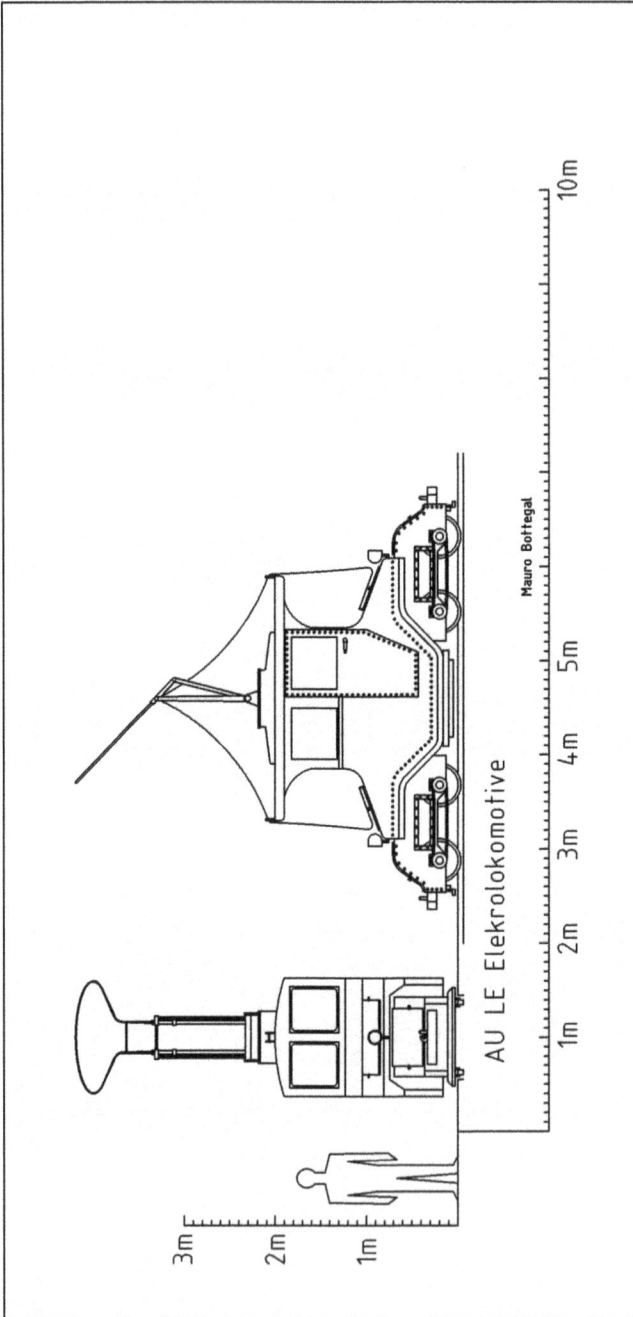

AU LE Elekrolokomotive

Mauro Bottegal

174

5.1.1.39. AU locomotiva a batteria 0,70 m

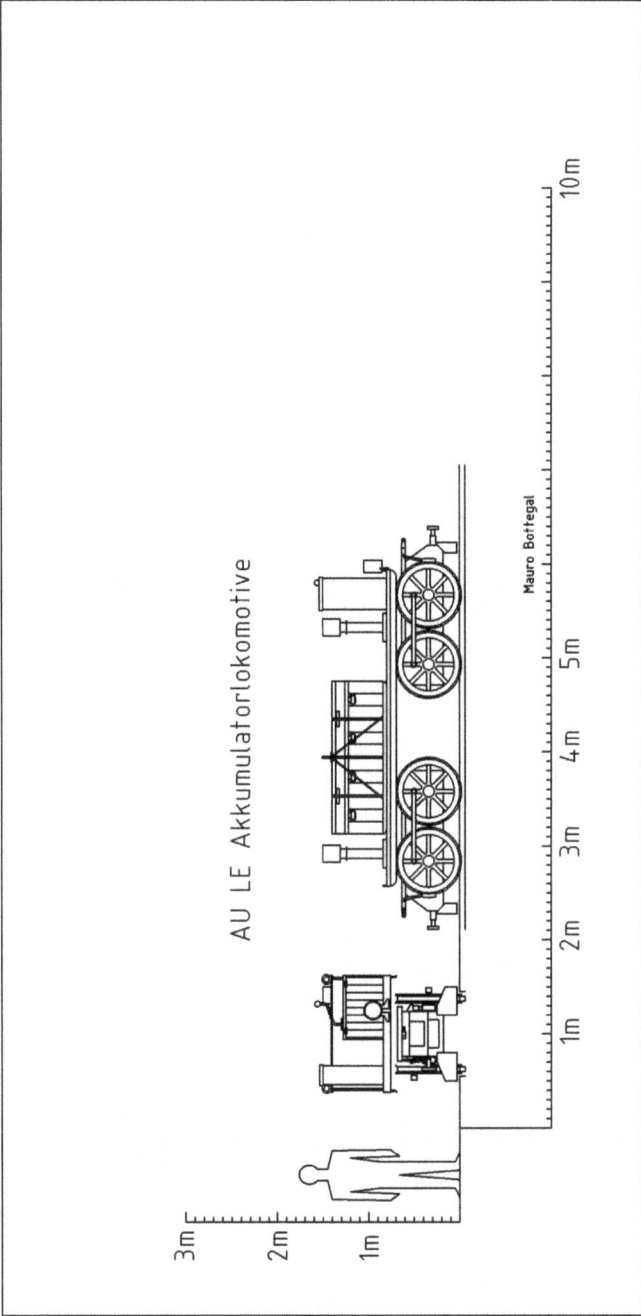

AU LE Akkumulatorlokomotive

Mauro Bottegal

175

5.1.1.40. IT Vagone a 2 assi

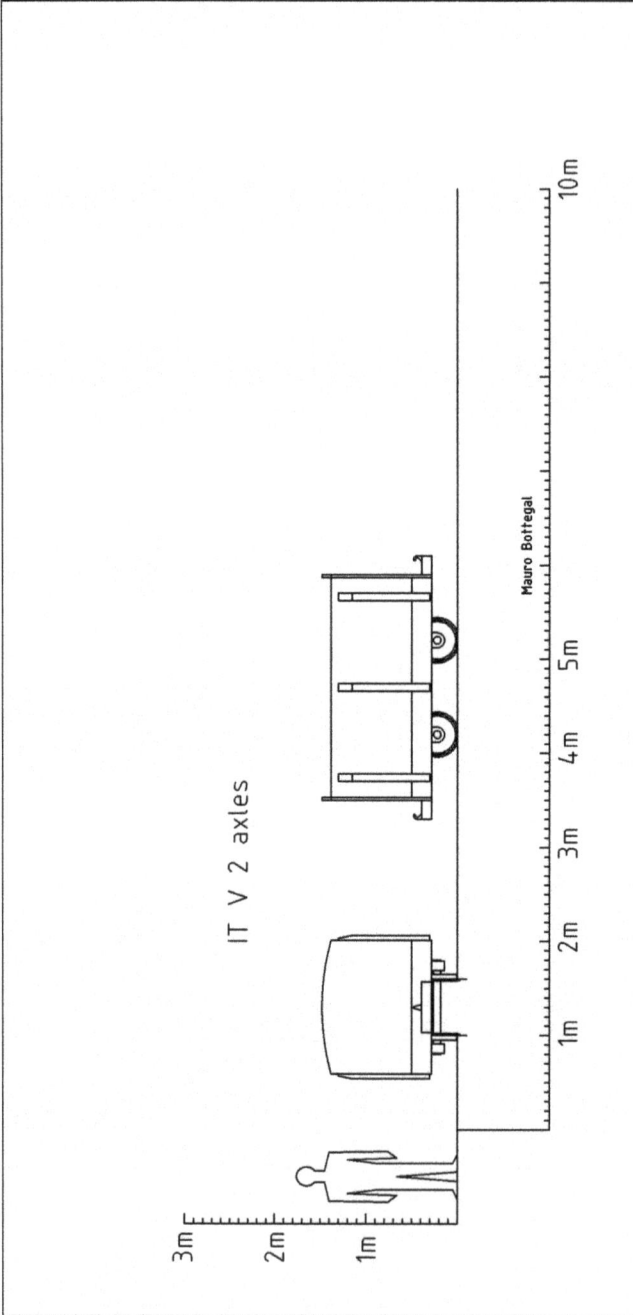

IT V 2 axles

Mauro Bottegal

5.1.1.41. IT Vagone a carrelli

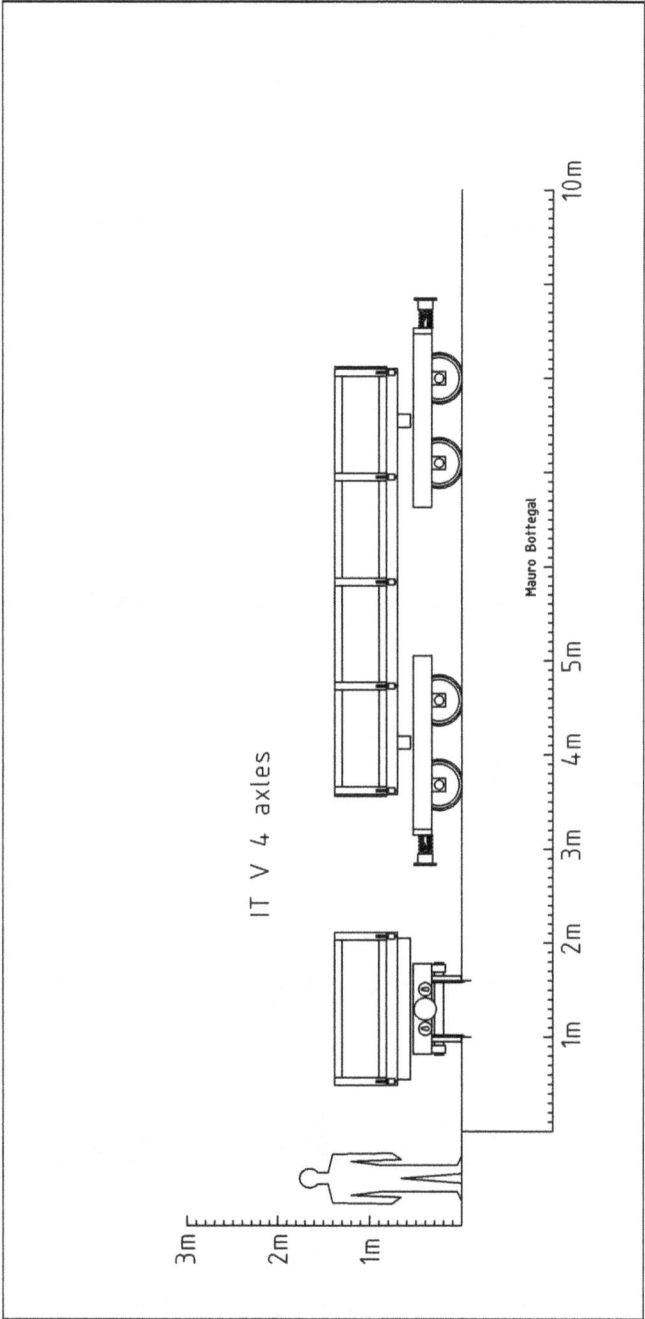

IT V 4 axles

Mauro Bottegal

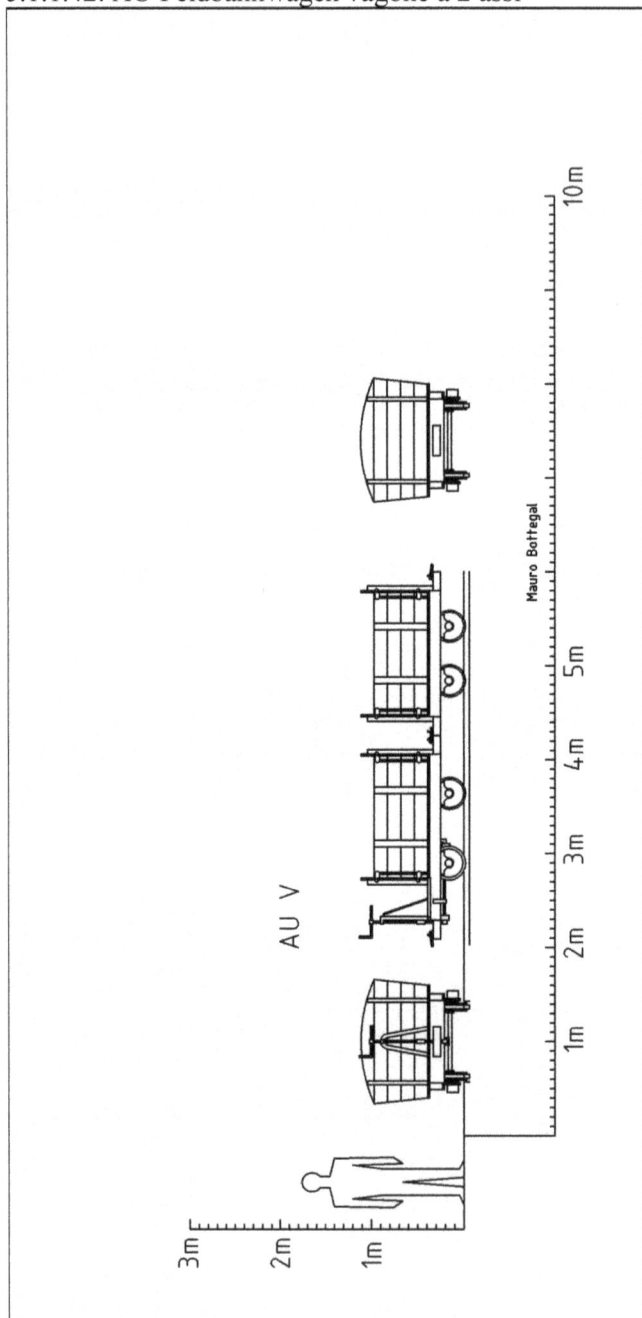

AU V

Mauro Bottegal

5.1.1.43. AU Feldbahnwagen vagone a carrelli

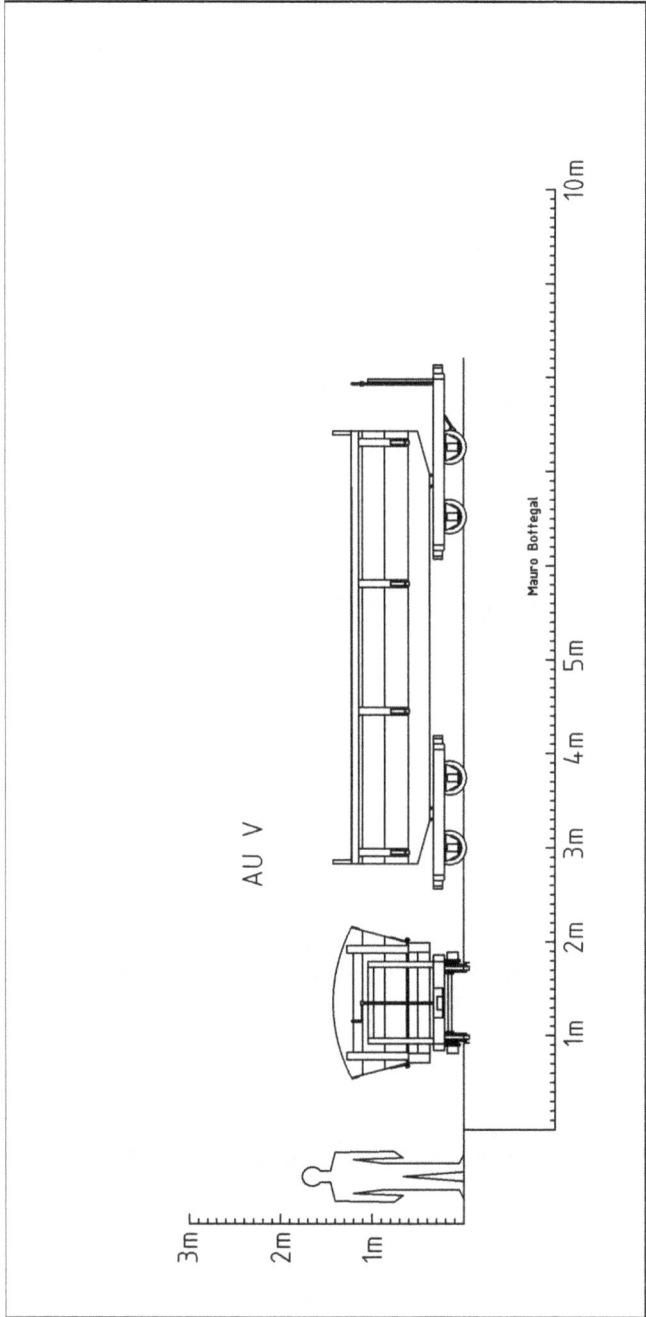

AU V

Mauro Bottegal

5.1.1.44. DE vagone a 2 assi

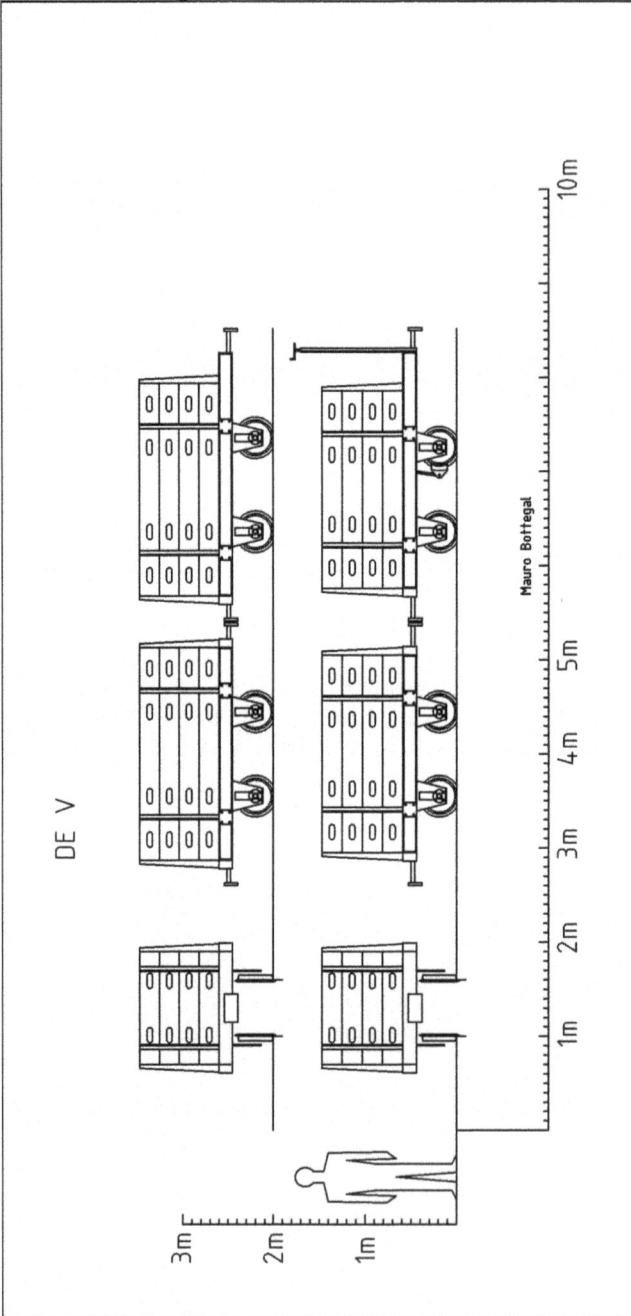

180

5.1.1.45. DE carrello Brigade

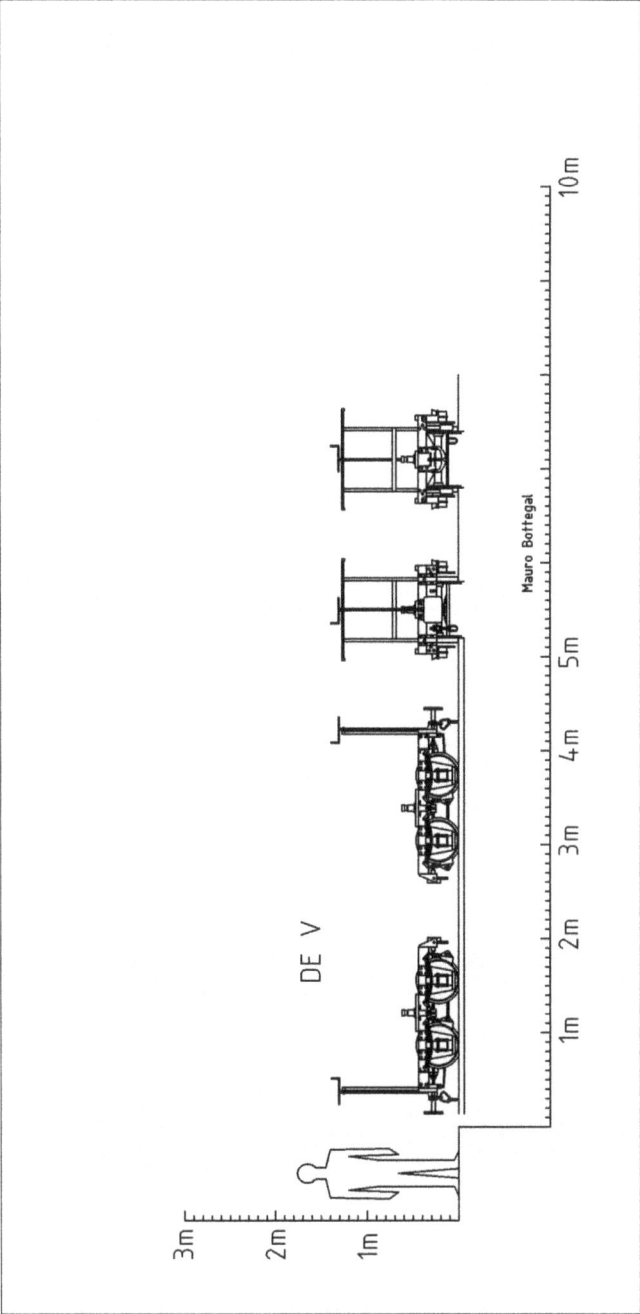

5.1.1.46. DE Brigadewagen tipo 1 e 2

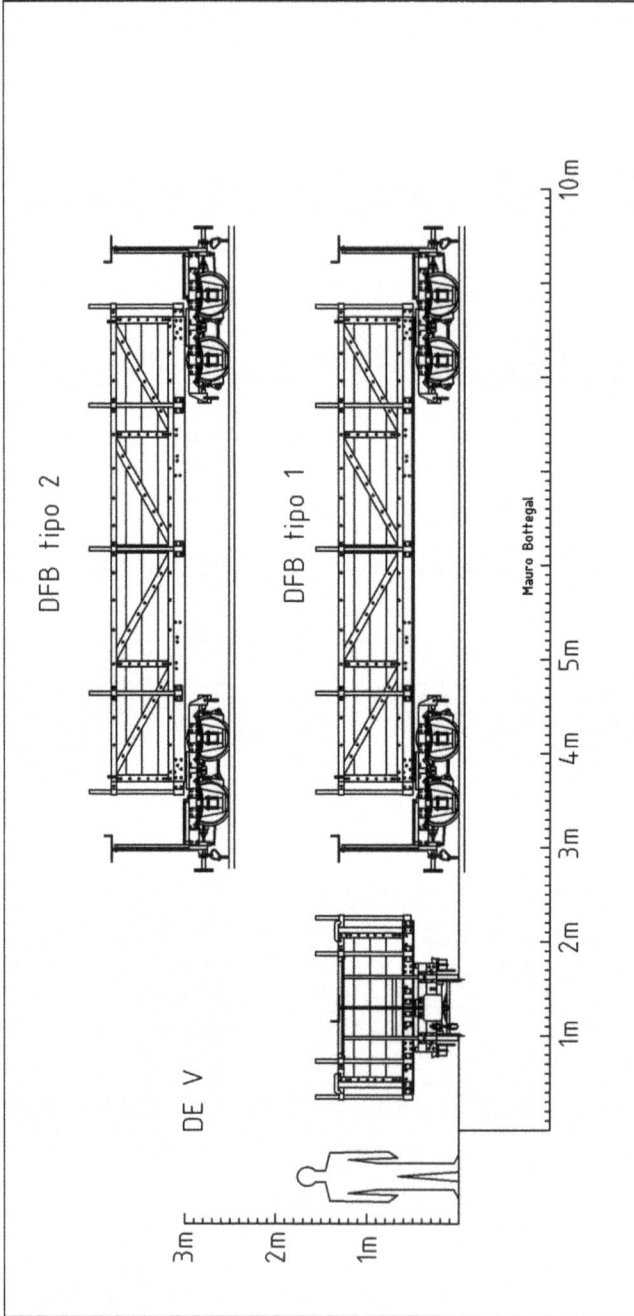

DFB tipo 2

DFB tipo 1

DE V

Mauro Bottegal

10m

5m

4m

3m

2m

1m

3m

2m

1m

5.1.1.47. DE vagone per persone Personenwagen

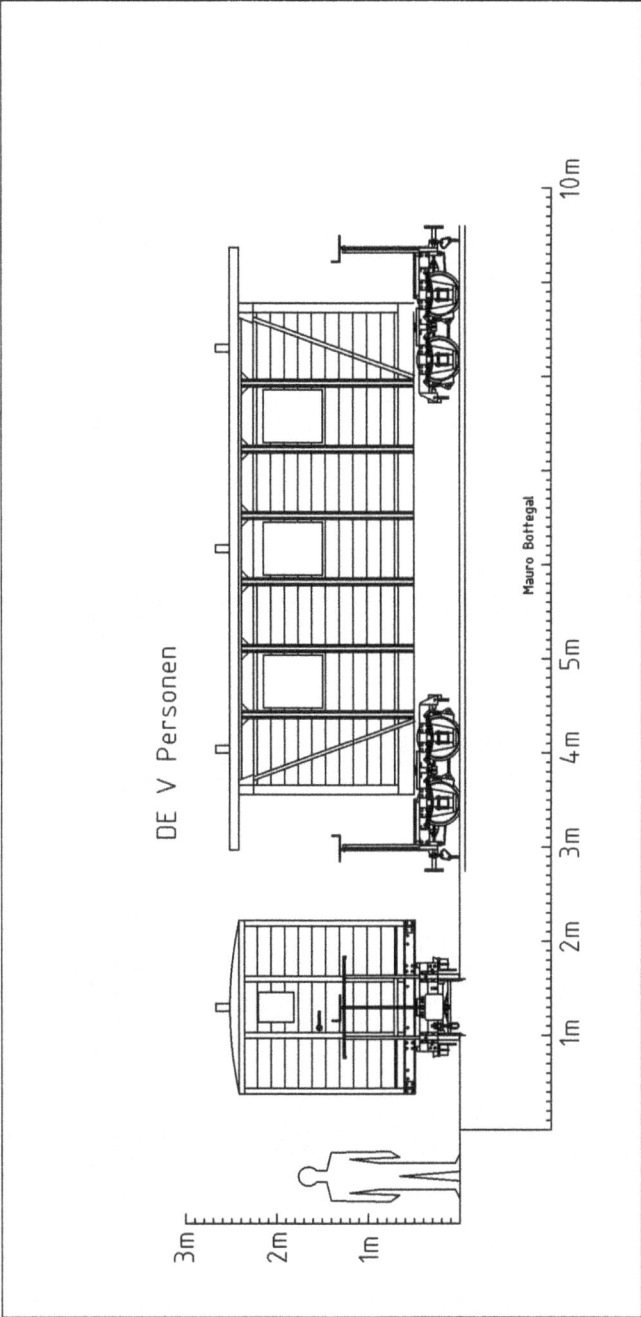

DE V Personen

Mauro Bottegal

5.1.1.48. FR Carrello Pechot a 2 assi

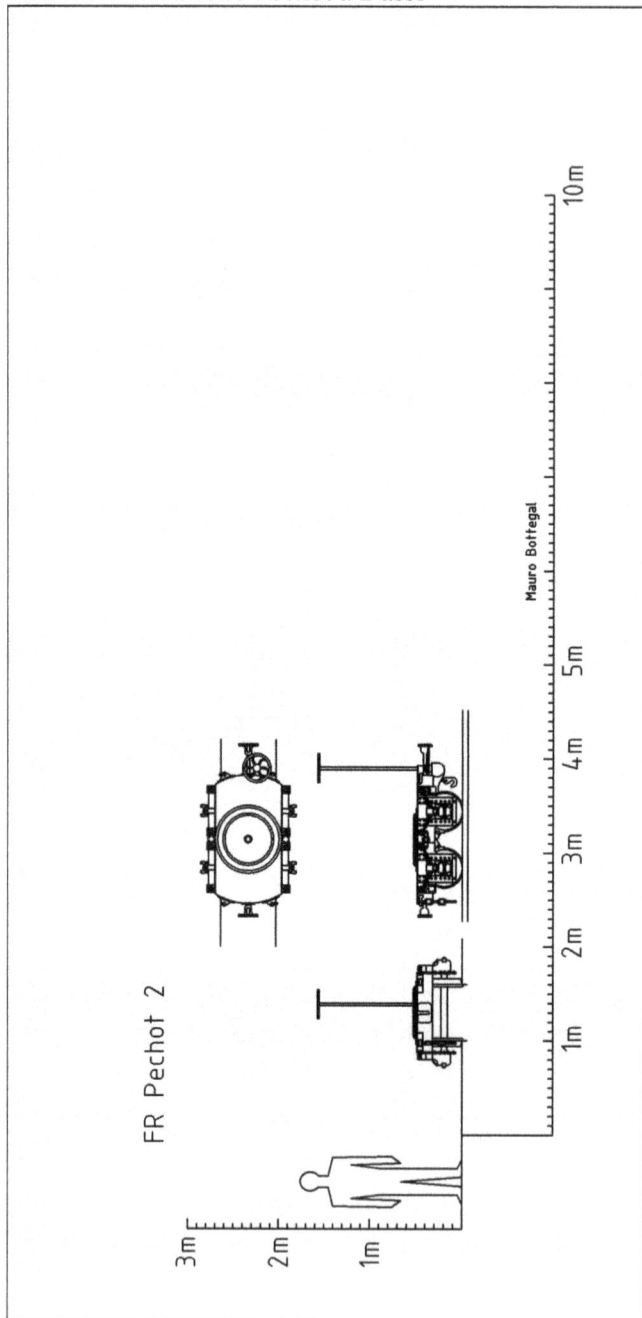

FR Pechot 2

Mauro Bottegal

3m 2m 1m

1m 2m 3m 4m 5m 10m

184

5.1.1.49. FR Carrelli Pechot 2, 3 e 4 assi

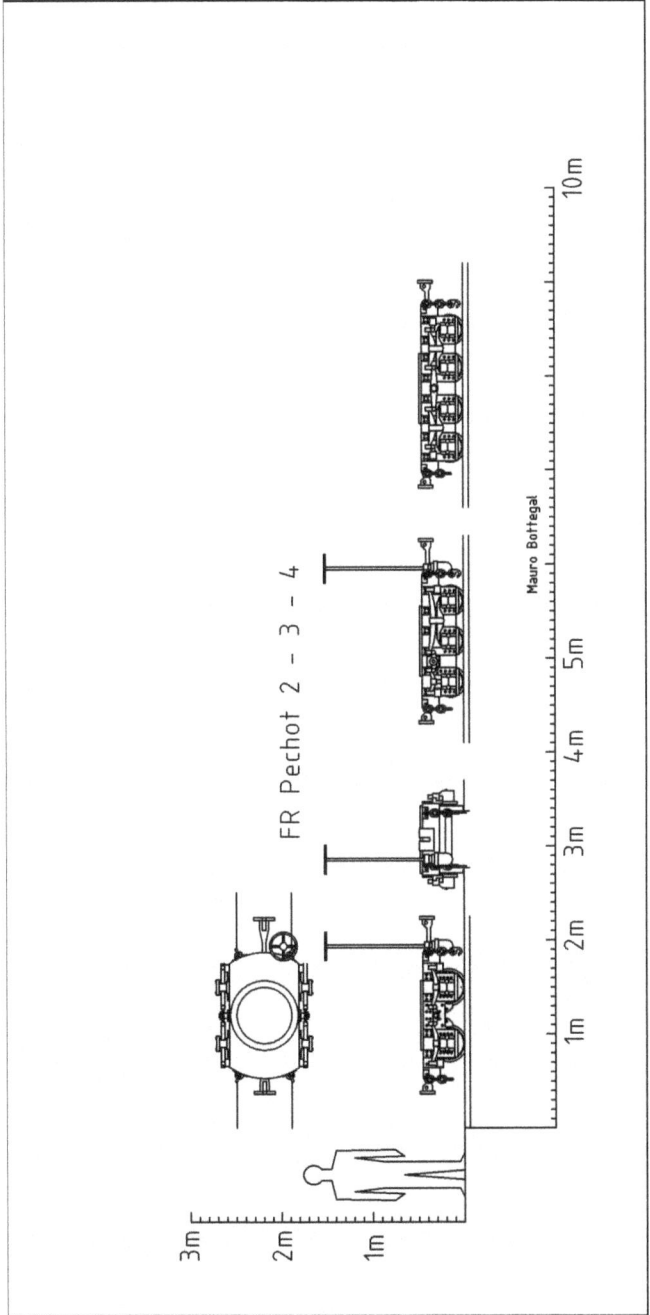

FR Pechot 2 – 3 – 4

Mauro Bottegal

5.1.1.50. FR Carrello Decauville

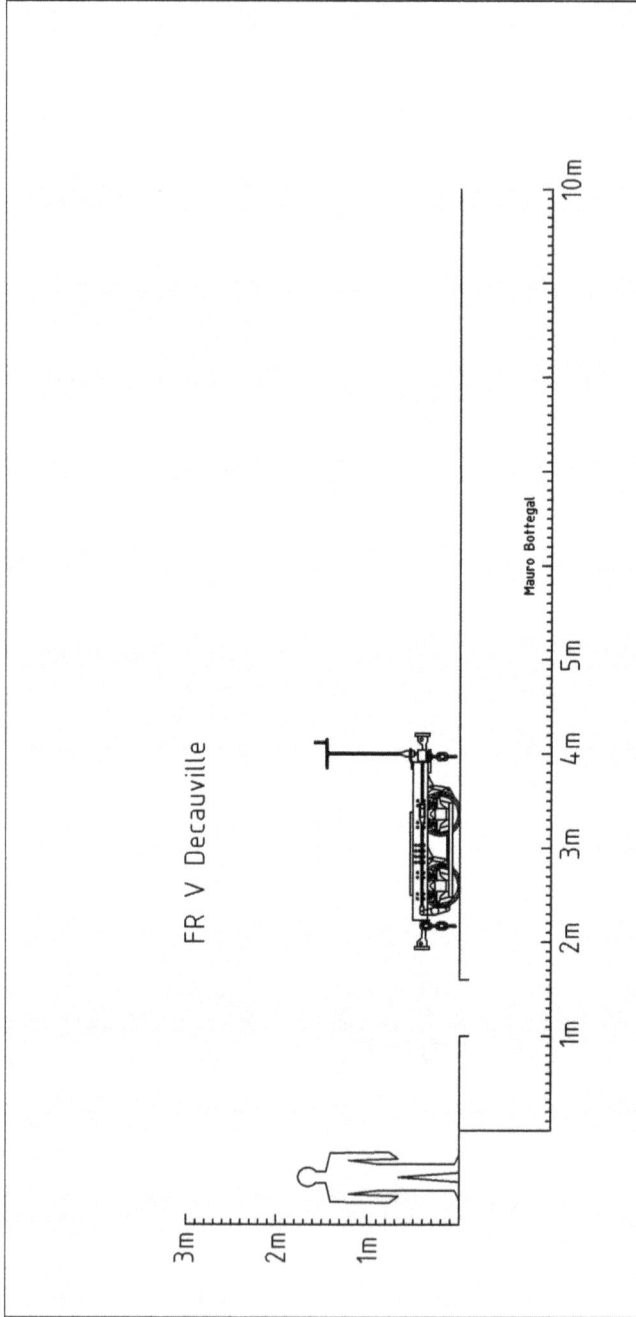

FR V Decauville

Mauro Bottegal

5.1.1.51. FR vagone a carrelli Pechot

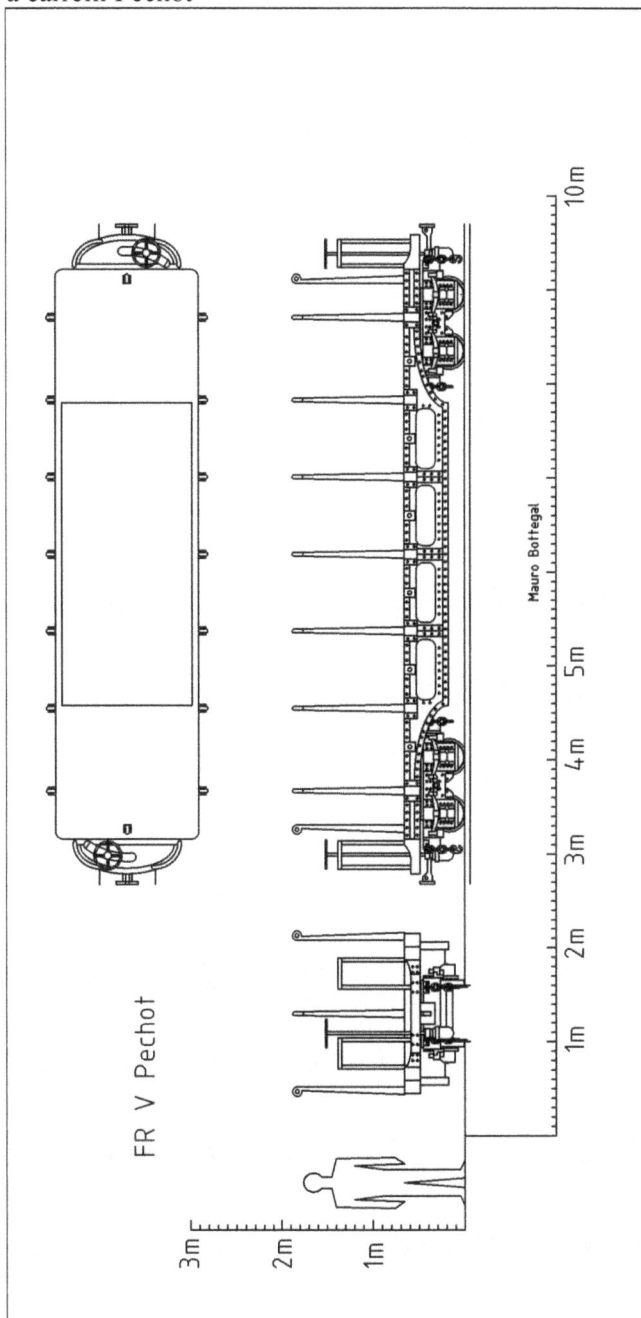

FR V Pechot

Mauro Bottegal

5.1.1.52. FR vagone Peignet – Cagnet con cannone

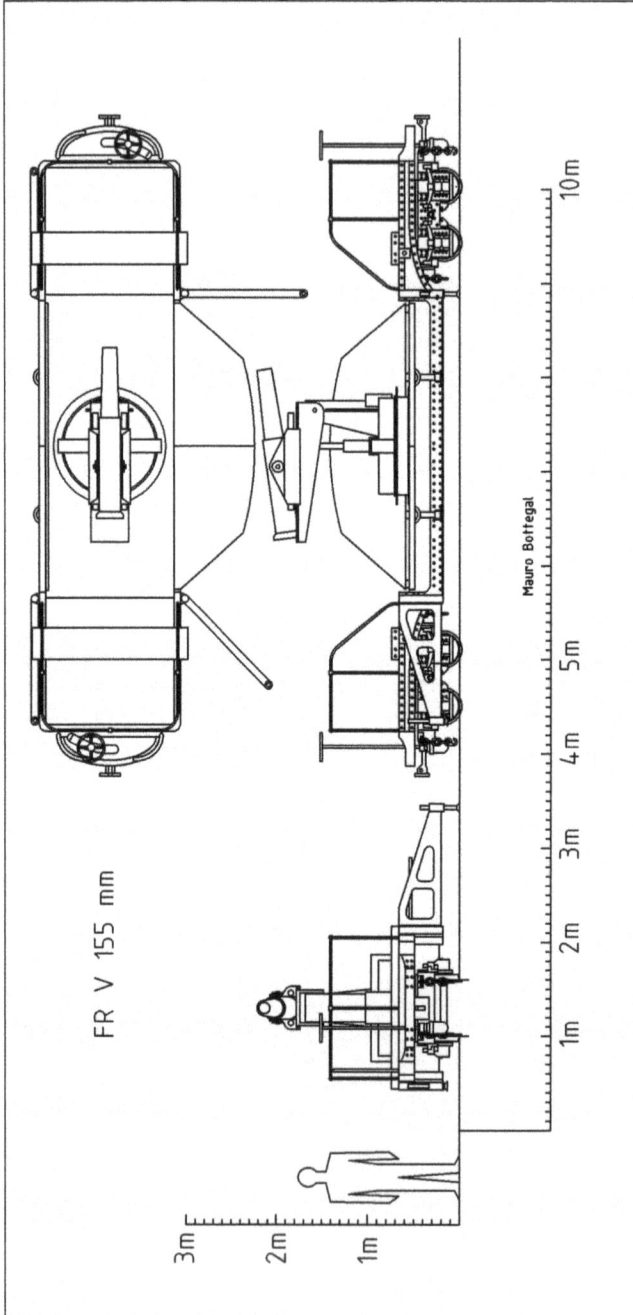

FR V 155 mm

Mauro Bottegal

5.1.1.53. FR schema di trasporto di cannone da 240 mm

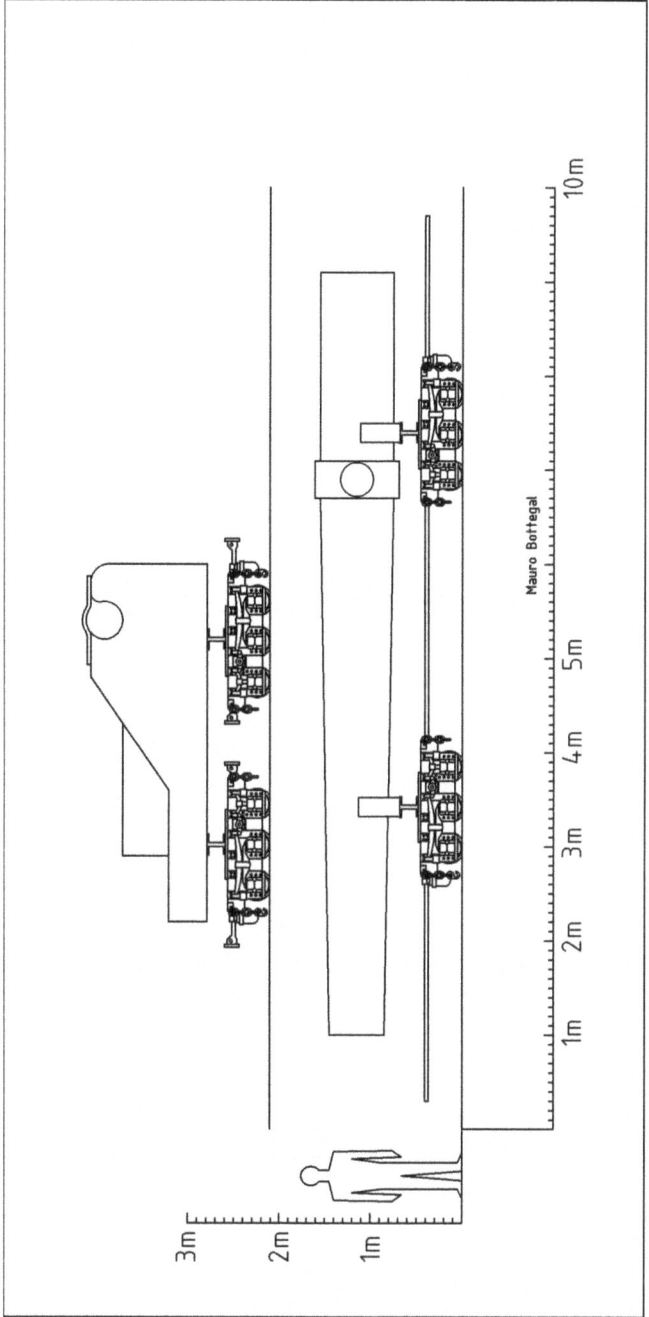

5.1.1.54. FR schema di trasporto di cannone da 48 t

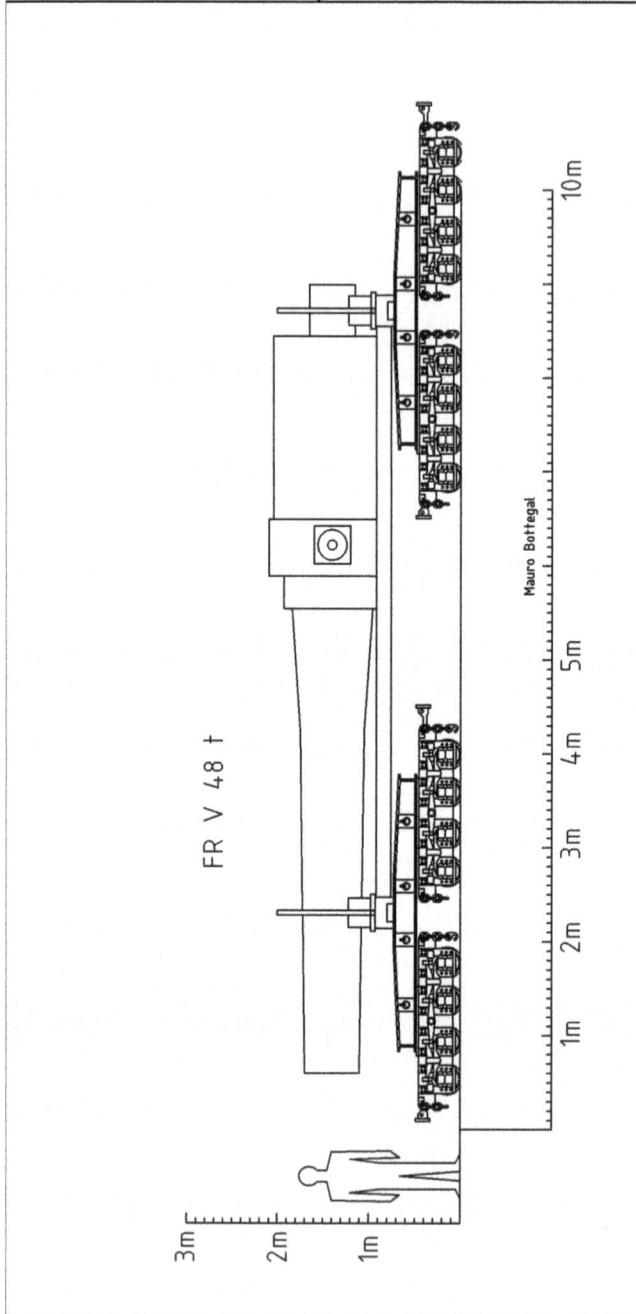

FR V 48 t

Mauro Bottegal

5.1.1.55. UK vagoni a 2 assi classe A varie versioni

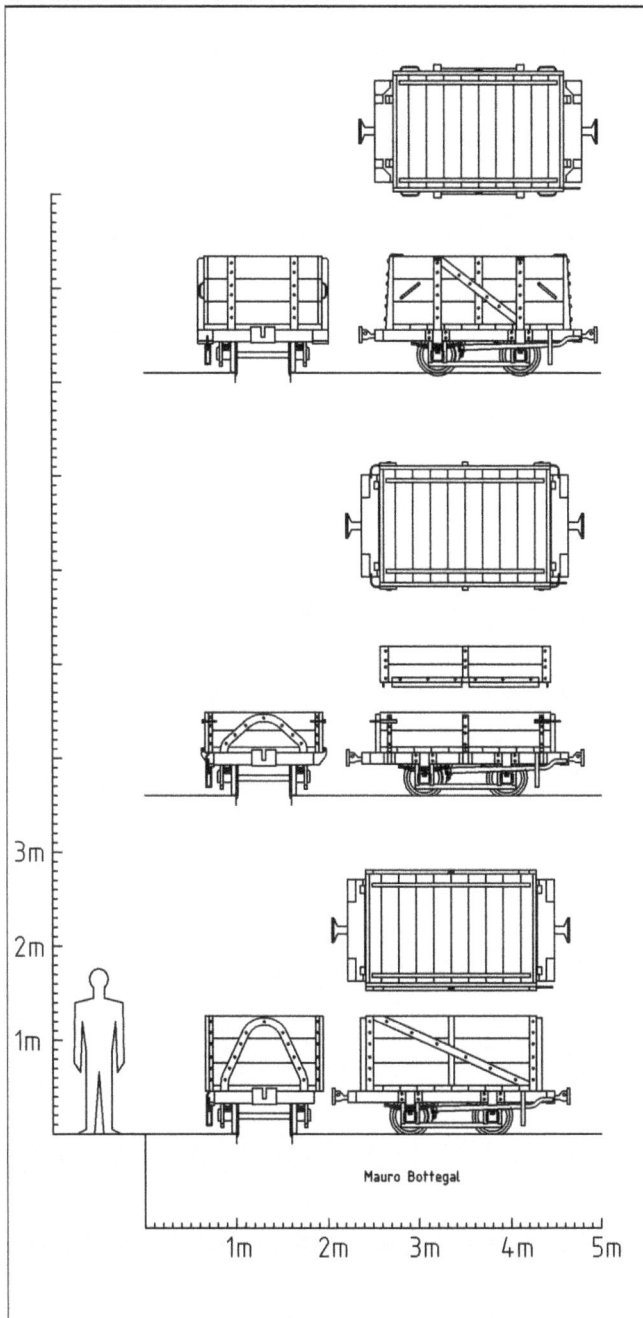

Mauro Bottegal

5.1.1.56. UK vagone classe B

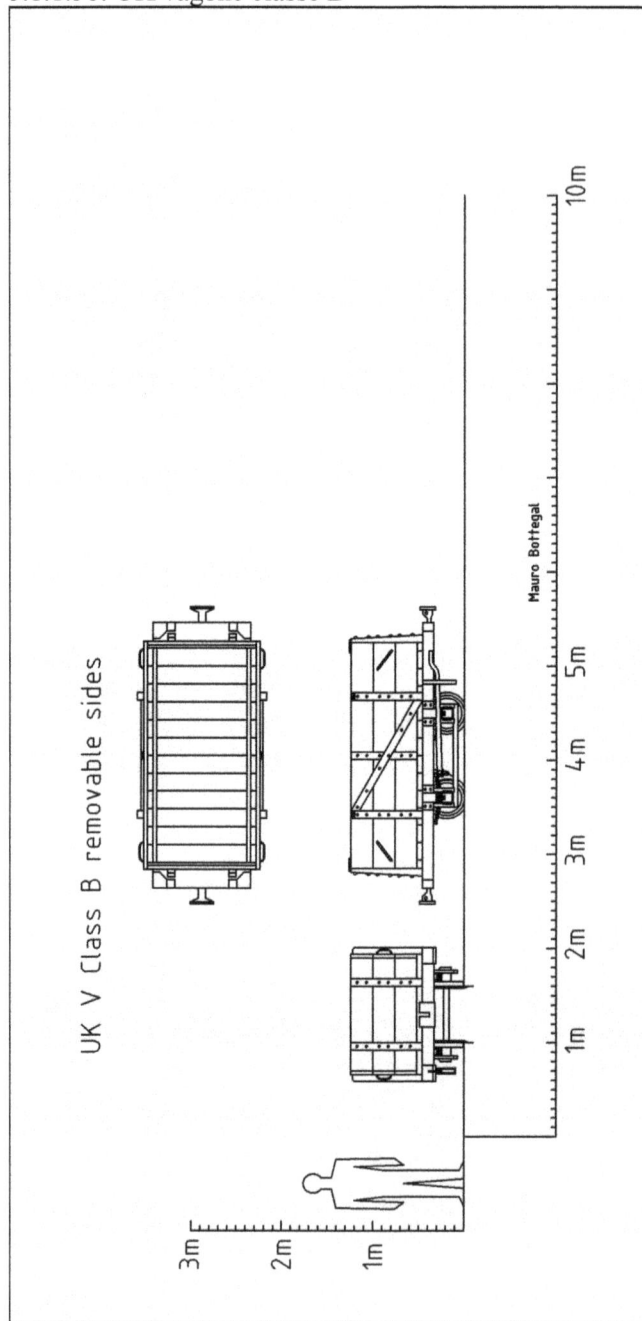

UK V Class B removable sides

Mauro Bottegal

3m 2m 1m

1m 2m 3m 4m 5m 10m

5.1.1.57. UK vagone classe C

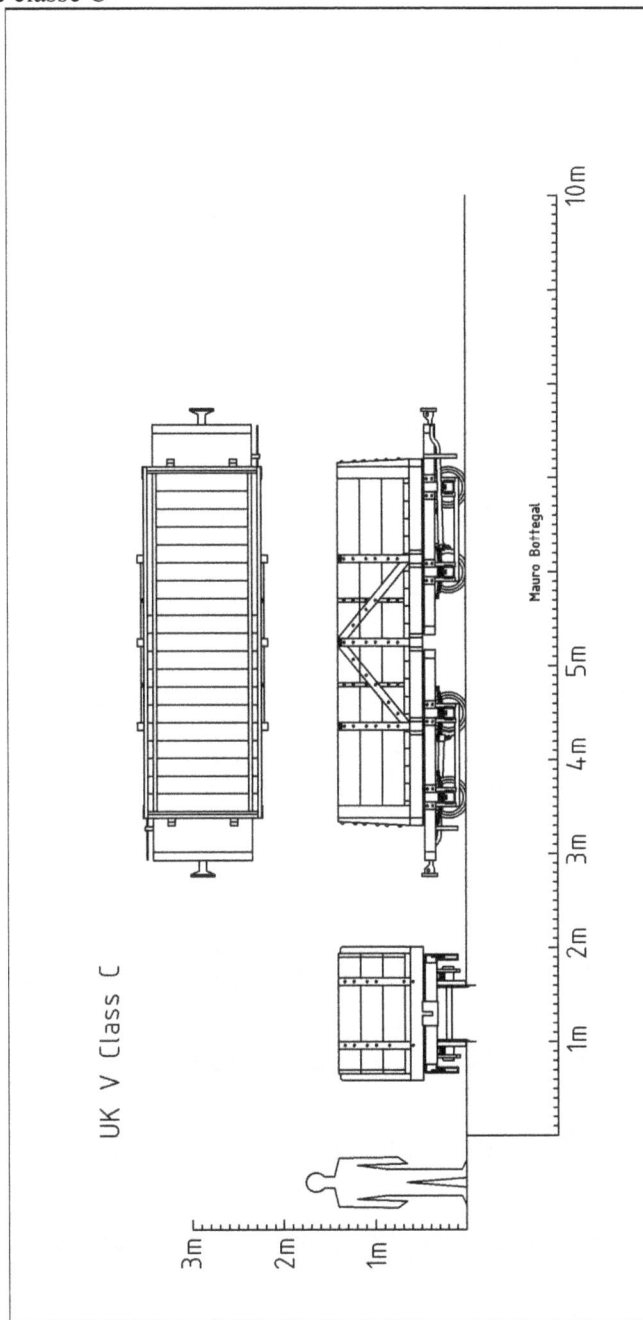

193

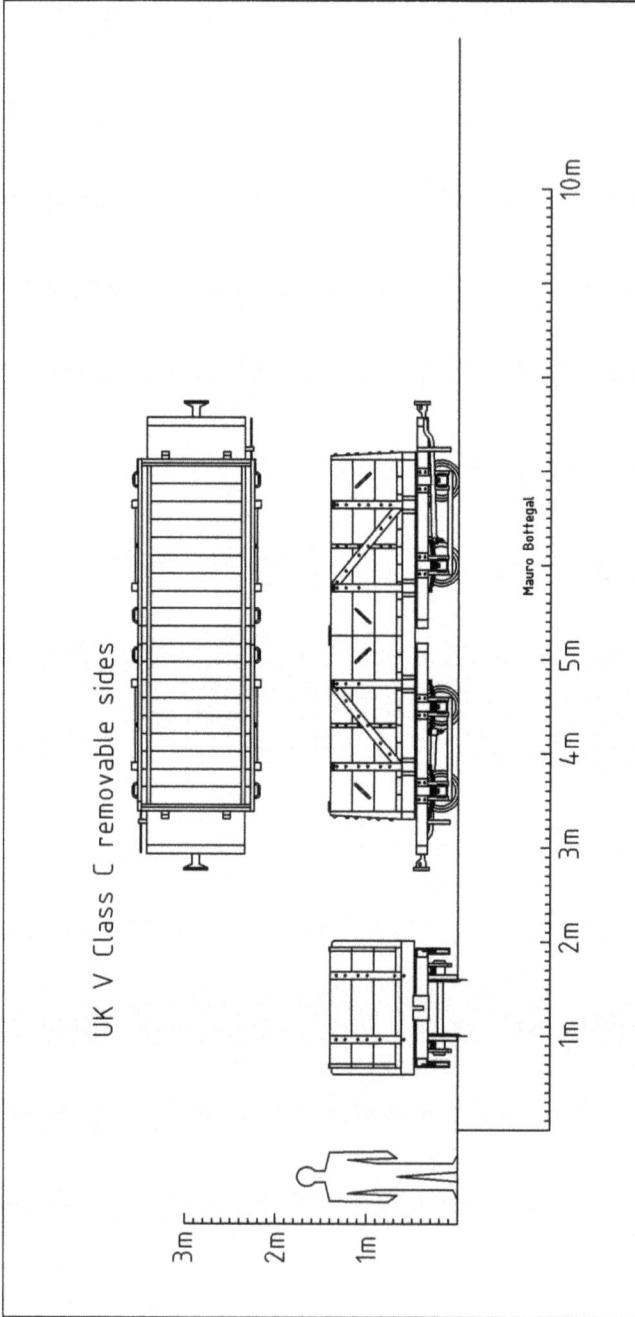

UK V Class C removable sides

Mauro Bottegal

1m 2m 3m 4m 5m 10m

3m 2m 1m

5.1.1.59. UK vagone classe D

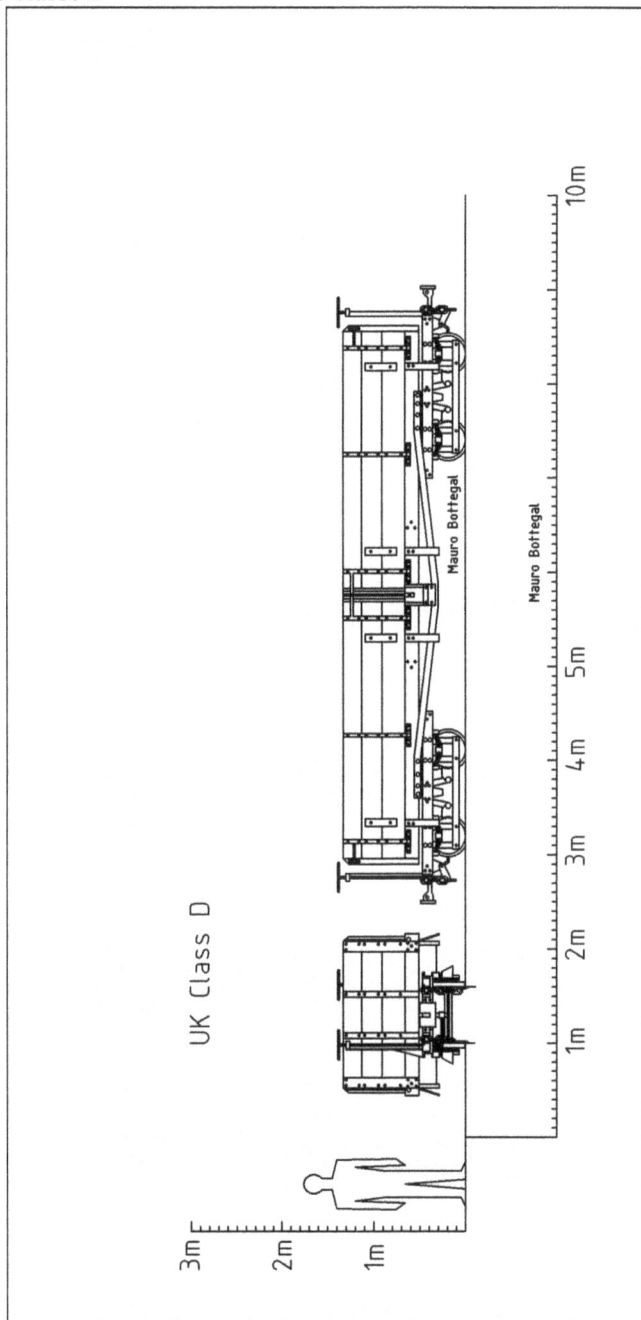

5.1.1.60. UK vagone classe D single drop

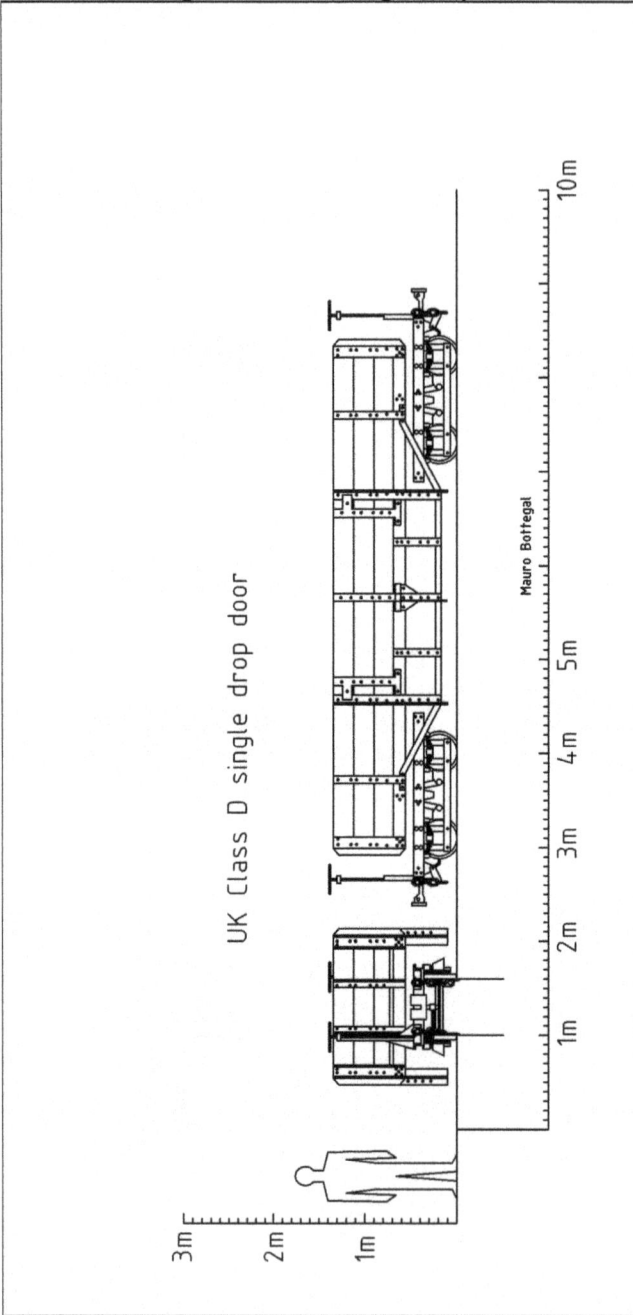

UK Class D single drop door

Mauro Bottegal

5.1.1.61. UK vagone classe E

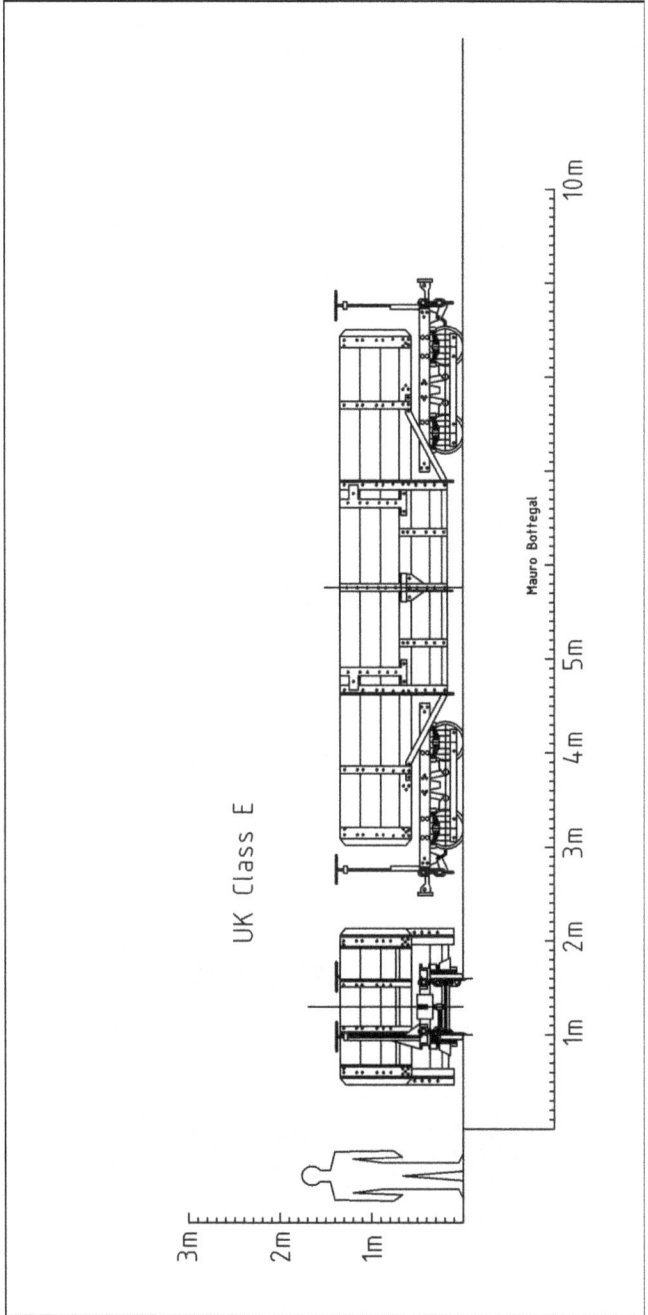

UK Class E

Mauro Bottegal

5.1.1.62. UK vagone classe H

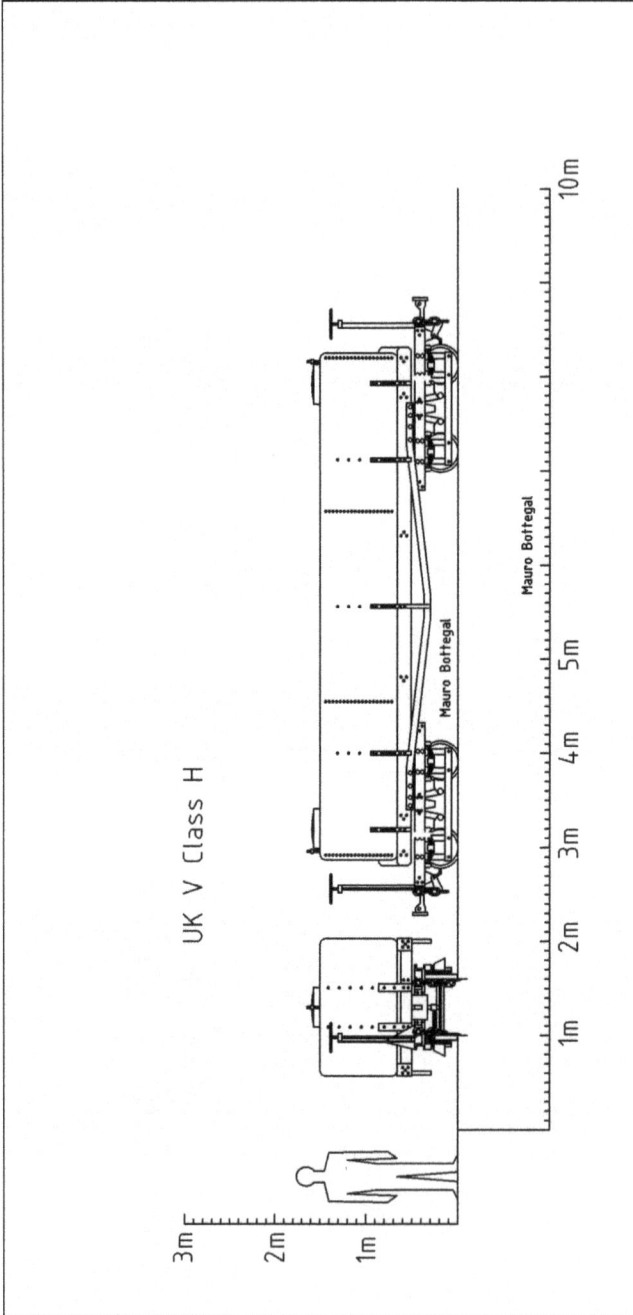

UK V Class H

Mauro Bottegal

1m 2m 3m 4m 5m 10m

3m 2m 1m

5.1.1.63. US vagone chiuso tipo Box

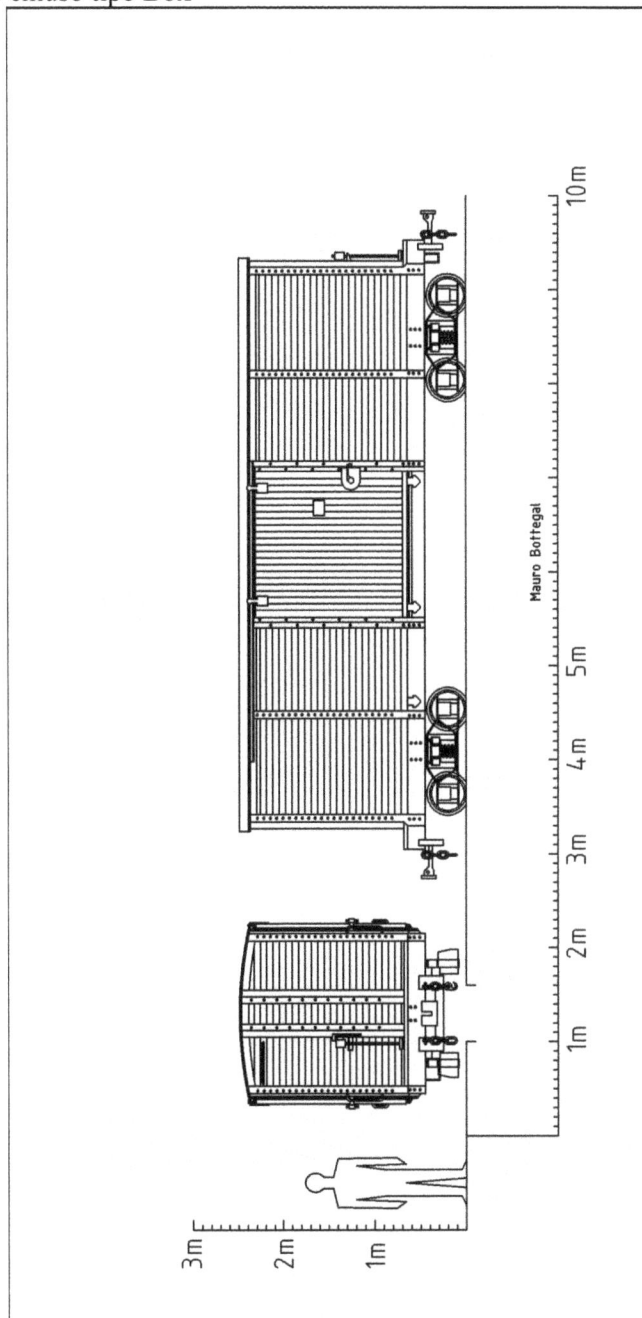

Mauro Bottegal

5.1.1.64. US vagone aperto tipo Gondola

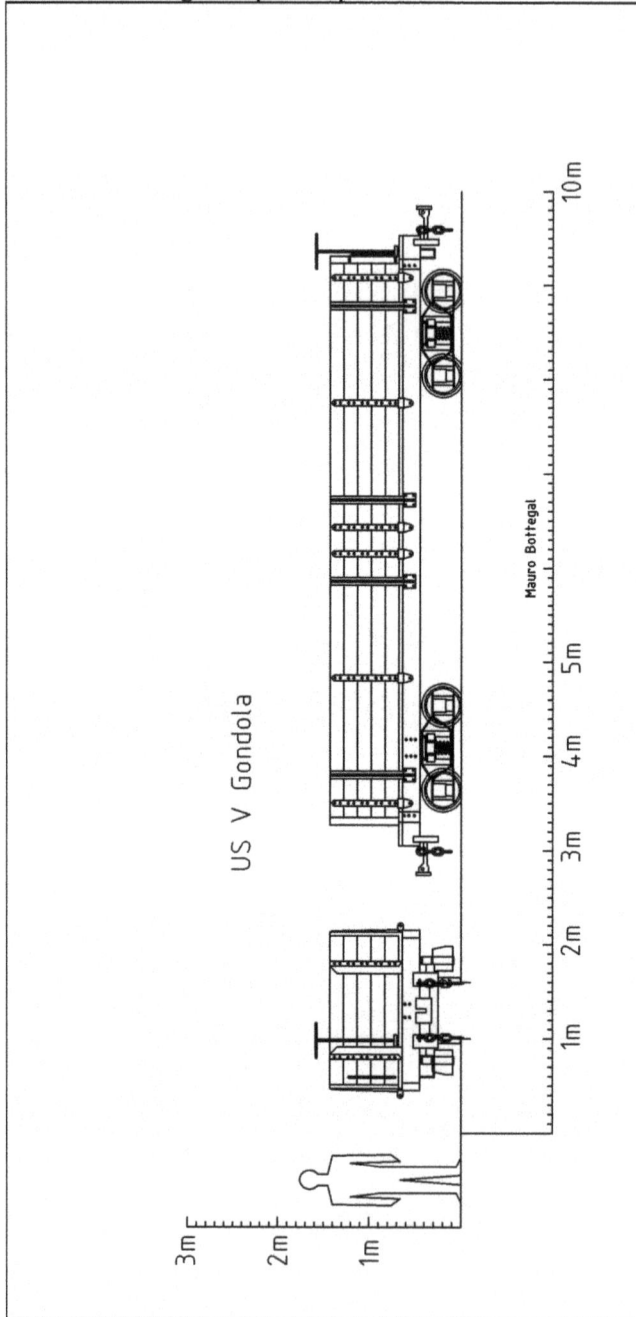

US V Gondola

Mauro Bottegal

1m 2m 3m 4m 5m 10m

3m 2m 1m

5.1.1.65. US vagone piano tipo Flat

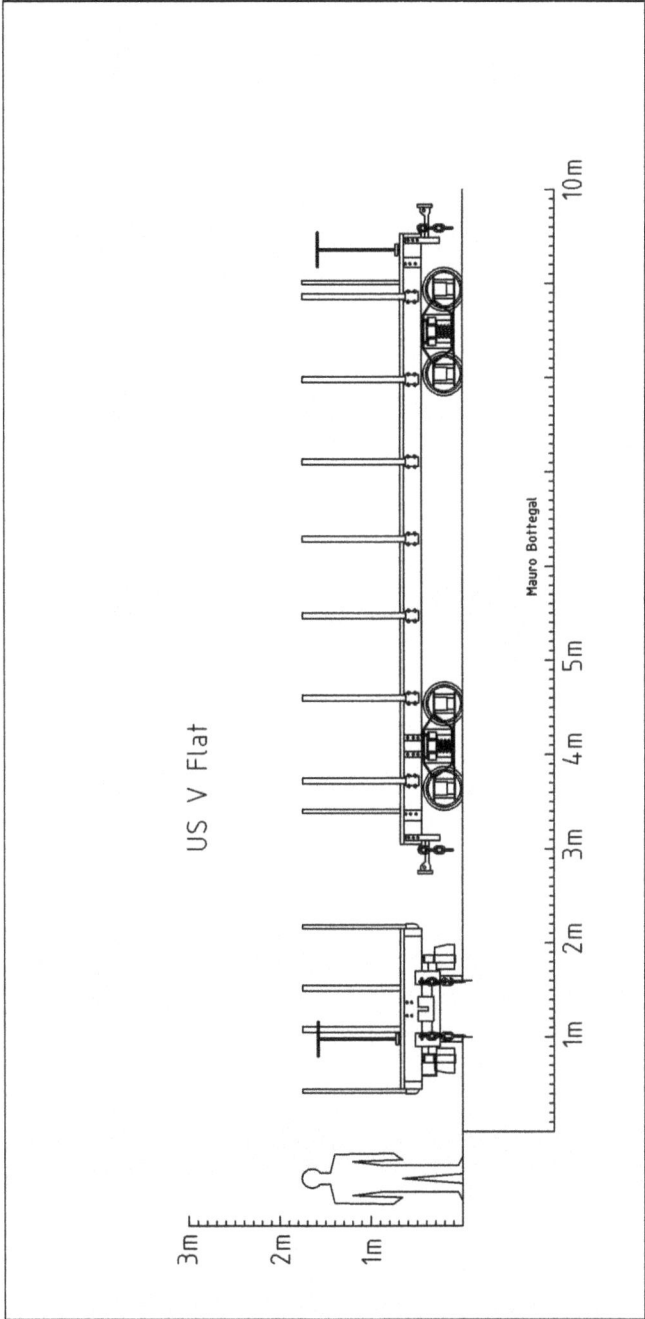

US V Flat

Mauro Bottegal

5.1.1.66. US vagone di prova a 12 assi

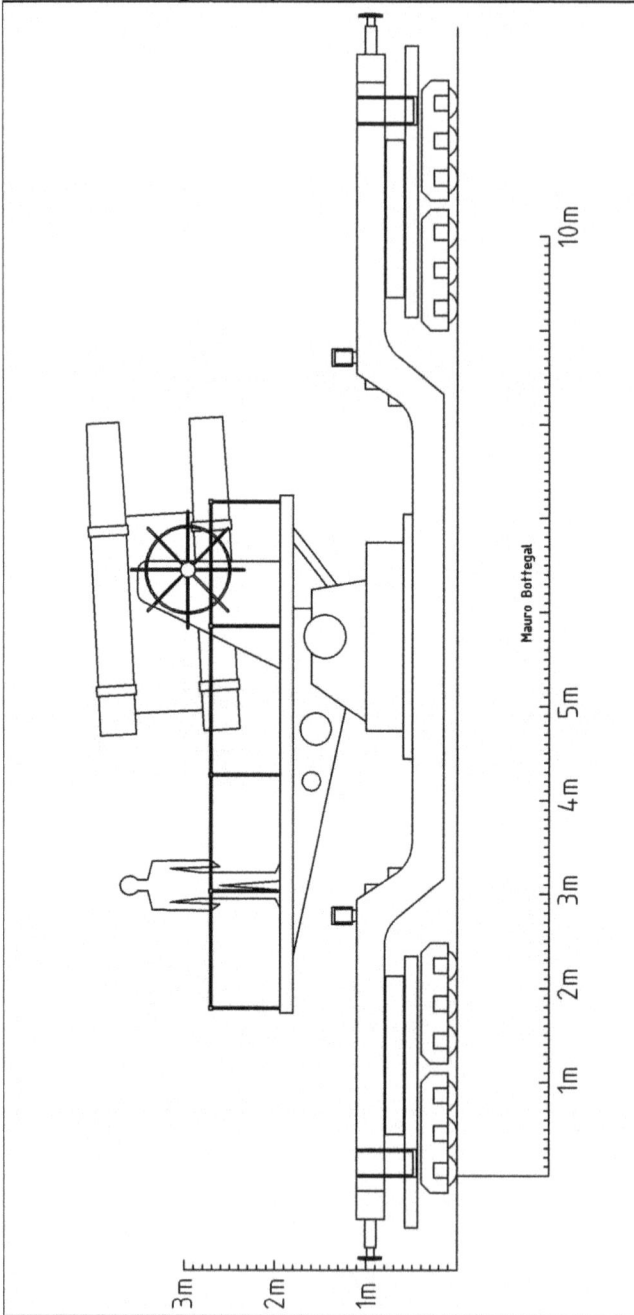

Mauro Bottegal

5.1.1.67. IT binari tipo Decauville

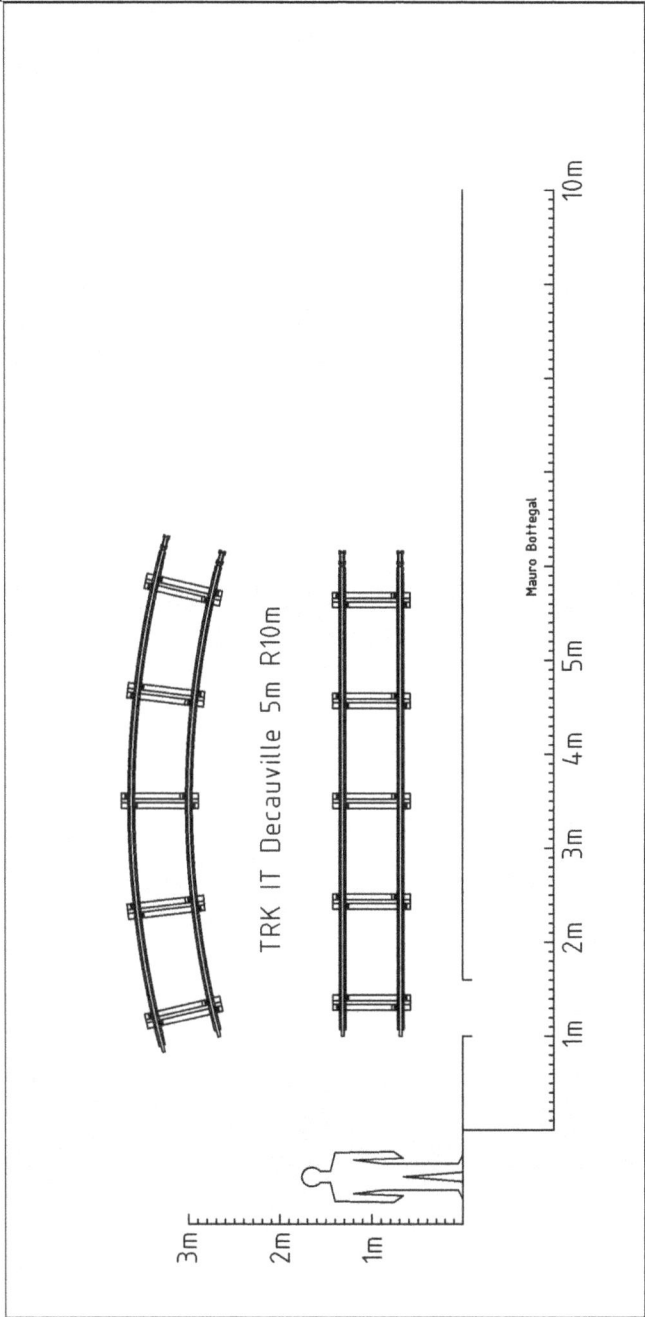

TRK IT Decauville 5m R10m

Mauro Bottegal

10m

5m

4m

3m

2m

1m

3m

2m

1m

5.1.1.68. IT sede stradale

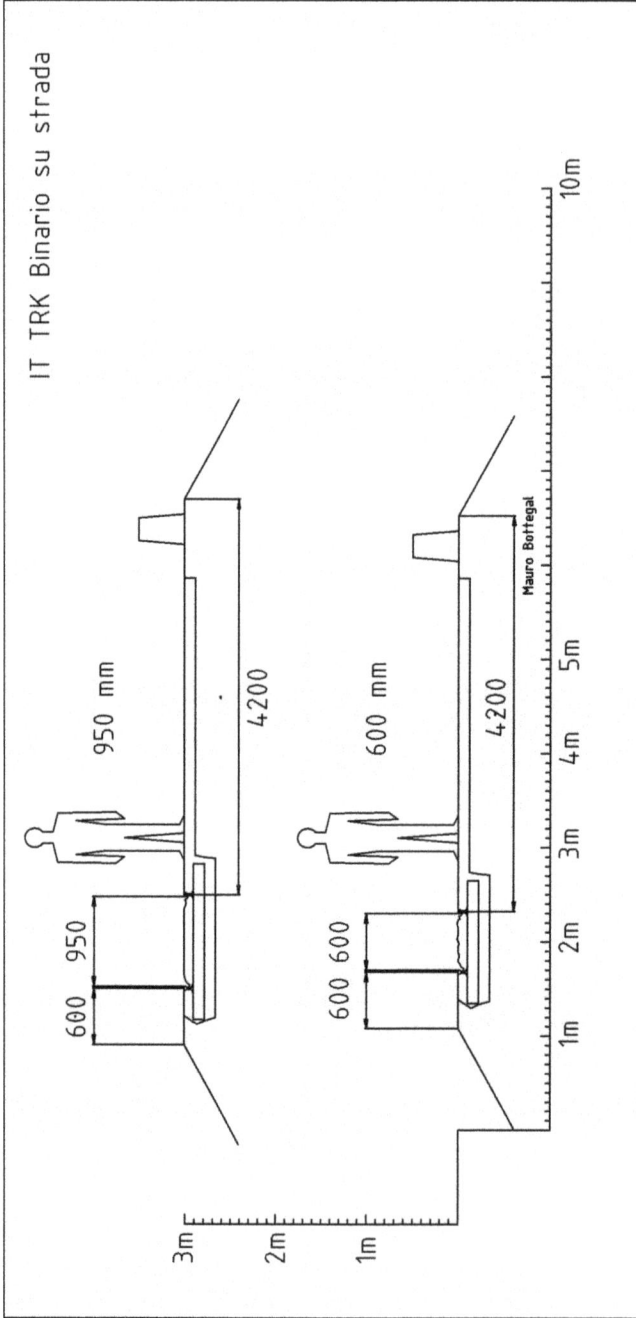

IT TRK Binario su strada

950 mm
4200
600 950
600

600 mm
4200
600 600

Mauro Bottegal

1m 2m 3m 4m 5m 10m

1m 2m 3m

5.1.1.69. IT sezione binario doppio

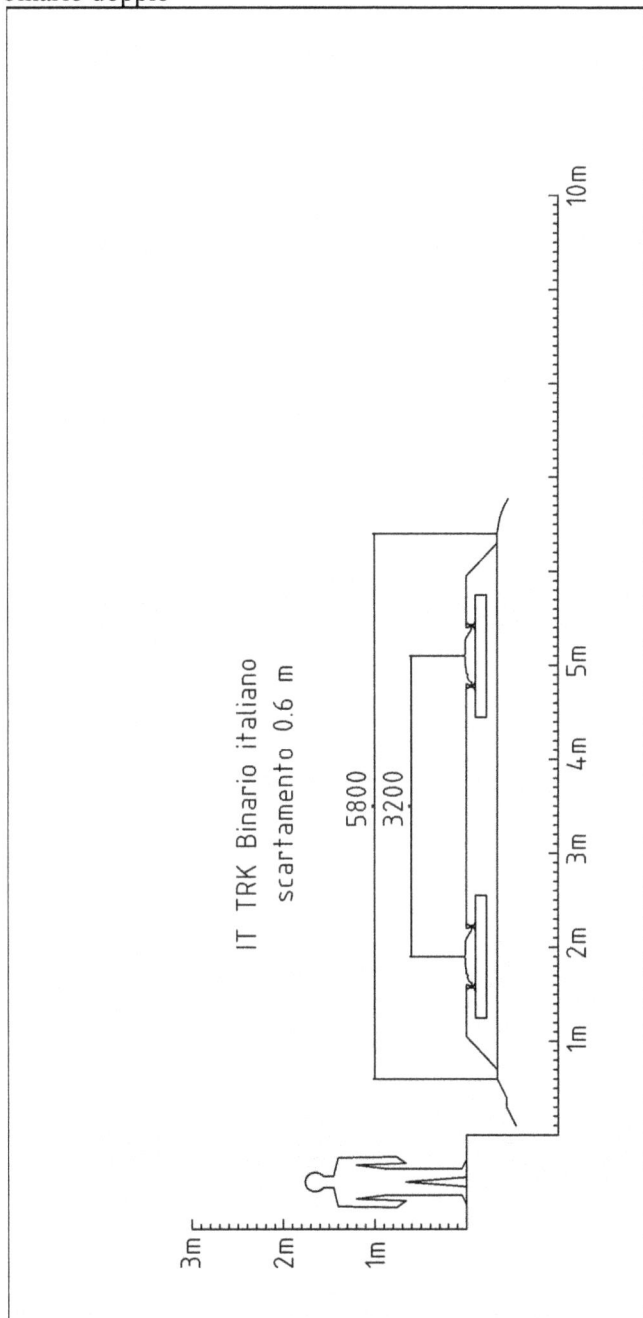

IT TRK Binario italiano
scartamento 0.6 m

5800
3200

1m 2m 3m 4m 5m

10 m

3m
2m
1m

5.1.1.70. IT tipi di sede stradale

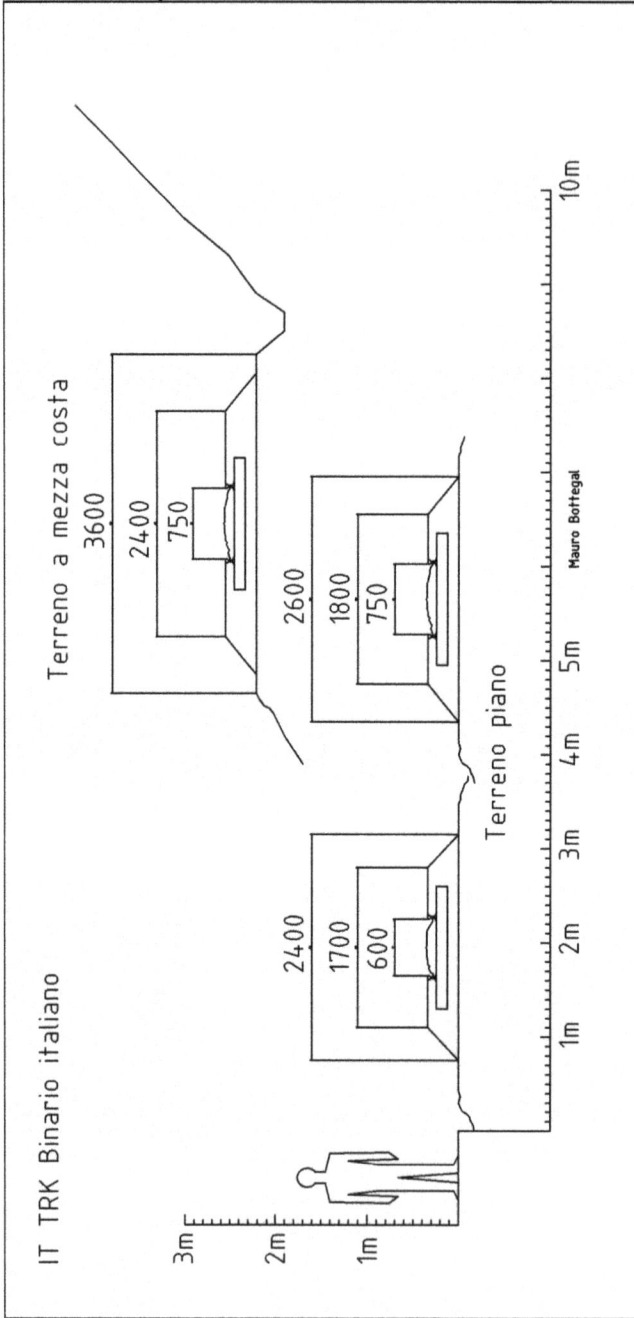

IT TRK Binario italiano

Terreno a mezza costa
3600
2400
750

2600
1800
750

2400
1700
600

Terreno piano

Mauro Bottegal

1m 2m 3m 4m 5m 10m

3m 2m 1m

206

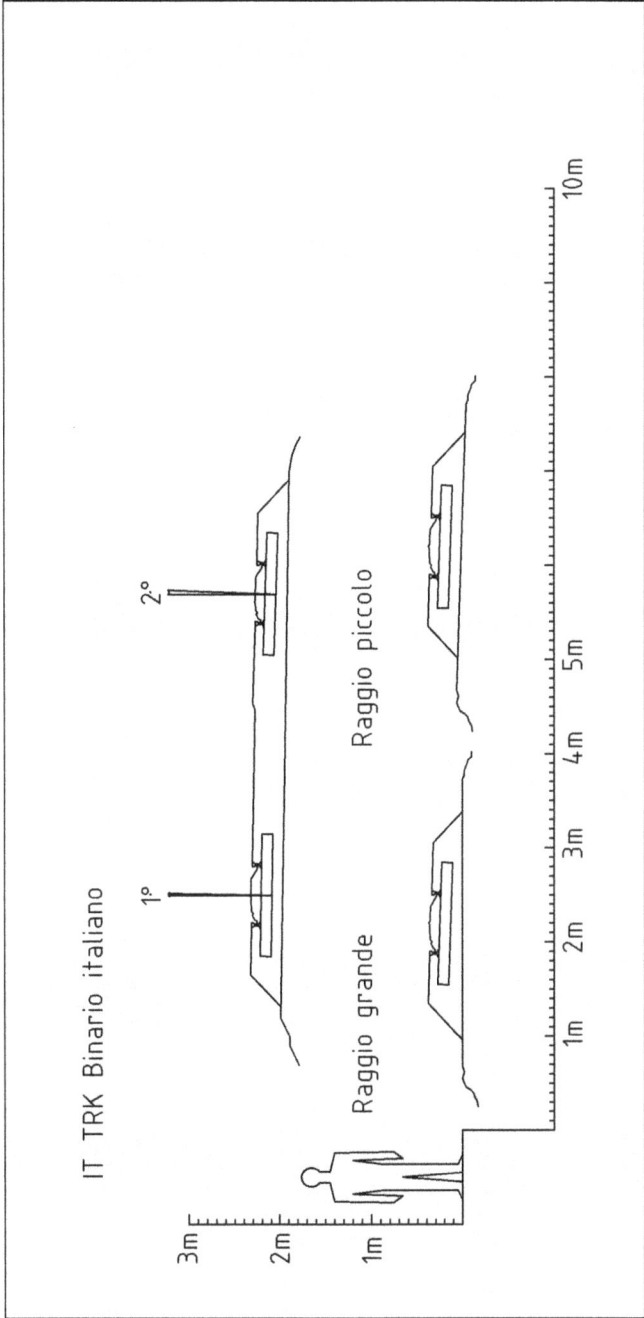

IT TRK Binario italiano

Raggio grande

Raggio piccolo

1°

2°

10m

5m

4m

3m

2m

1m

3m

2m

1m

5.1.1.72. DE sagoma limite ferrovia coloniale germanica

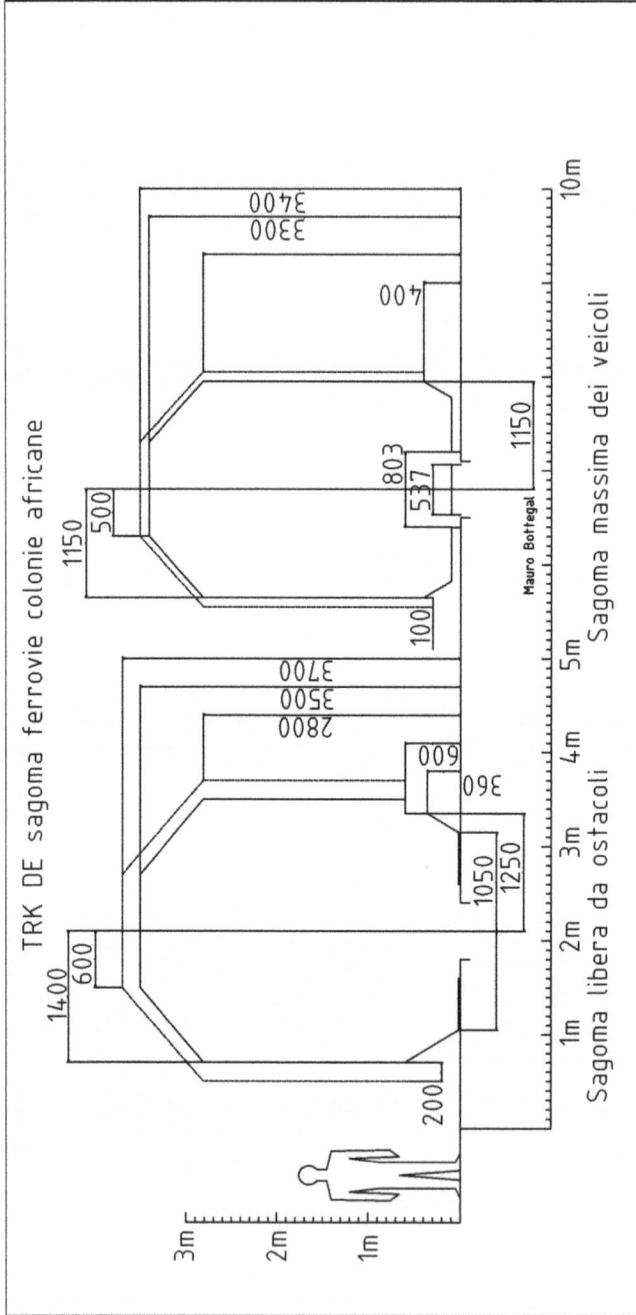

TRK DE sagoma ferrovie colonie africane

Sagoma massima dei veicoli

Sagoma libera da ostacoli

Mauro Bottegal

3400
3300
400
1150
500
1150
803
537
1150
100
3700
3500
2800
600
360
1050
1250
1400
600
200

1m 2m 3m 4m 5m 10m

3m 2m 1m

6. Modellismo

In concomitanza con il centenario della Grande Guerra c'è stato un aumento dell'interesse anche per le riproduzioni in scala ridotta dei treni a scartamento ridotto che vi sono stati usati. Alcuni modelli riproducono principalmente i treni stessi mentre altri sono incentrati sugli aspetti maggiormente collegati agli avvenimenti bellici. Oltre alle costruzioni fatte da singole

Illustrazione 115: Locomotiva Decauville da MinitrainS, scala H0e.

persone esiste anche una discreta produzione commerciale, che produce oggetti che, anche se non diffusissimi, sono facilmente acquistabili o presso negozi specializzati, sia fisici che in internet.

I costruttori principali verso i quali si può orientare la ricerca sono: MinistrainS, Meridian Models e W^D Models. Per ricercare in internet questi modelli si può provare con le parole "minitrains", "schmalspurbedarf", "wwi 009", "feldbahn H0e".

Presso l'ISCAG a Roma sono esposti alcuni plastici che riproducono ferrovie italiane della Grande Guerra.

Illustrazione 116: Locomotiva Baldwin 130 da Bachmann in scala H0e.

Di seguito presento un piccolo riassunto dei modelli in scala di produzione industriale o artigianale commercializzati negli ultimi anni e disponibili a inizio 2019.

Marca	Scart. mm	Scala 1:	Stato	Modello
MinitrainS	9	87	DE	2014 Brigadelok, tender, vagoni a carrelli merci, passeggeri e ambulanza.
			FR	2017 locomotiva Decauville 3 assi, locomotiva Schneider.
			US	Baldwin 131, vagoni a carrelli.
			Vari	I codici 5117 e 5122 sono simili a vagoni italiani
			Gener.	Vagoni a due assi.
				http://www.minitrains.eu
Jelly Models	9	87	Vari	2018 Locomotiva Deutz a due assi. Previsti altri modelli. http://www.jellymodels.com
Bachmann	9	76	UK	Baldwin 230, vagoni a carrelli.
Meridian Models	9	76	UK	Locomotive: Simplex, MM16 Dick Kerr, vagone a 2 assi.
			FR	Baldwin 50 HP, vagone a carrelli Pechot.
			US	ALCO 131, vagoni merci a carrelli.
				http://meridianmodels.co.uk
W^D Models	9		UK	Vagoni a 2 assi e a carrelli. http://henk.fox3000.com/ mgm2.htm http://www.wdmodels.com/page8.htm
Narrow Planet	Vari	Vari	Vari	Locomotiva OeK, cod. NPL-003, simili a quelle usate in Italia. http://narrowplanet.co.uk/ https://narrowplanet.myshopify.com/
Edition Loco Revue	9	87 76	FR	2017 Gruppo di 4 carri a carrelli. Cod. PTITKIT02 o PTITKIT02MP. http://www.lrmodelisme.com
Nigel Lawton 009	9	76	UK	Locomotiva Simplex 20 HP http://www.nigellawton009.com/
Ecore		45	DE	2004 Carrello a due assi DFB http://www.carocar.com
U-Models	16,5	35	FR	2015 Locomotiva benzina-elettrica Crochat, locomotiva a benzina Baldwin, vagone Pechot. http://www.u-models.com/
Blitz Model		35	FR	2014 locotrattore Campagne. 2015 locomotiva Baldwin e vagoni. http://blitz-kit.fr
Neil Sayer	16,5	43	US	2012 Locomotiva a motore Baldwin http://neilsayer.co.uk
Locos N Stuff	12 16,5		FR	2017 Locomotiva Joffre.

Marca	Scart. mm	Scala 1:	Stato	Modello
			DE	Brigadelok, tender, vagone feldbahn.
				http://www.locosnstuff.co.uk
Modelik		25	DE	(2007 – 2008) Locomotive. Cn2t e Dn2t Modello in cartone tagliato al laser. http://www.modelik.pl
Roundhouse	32 45	18	US	Locomotiva ALCO 1C1, a vapore vivo con alimentazione a gas. http://www.roundhouse-eng.com

7. Riferimenti bibliografici e internet

- An historical and technical biography of the twenty-first engineers light railway. United States Army. 1919. https://archive.org/details/historicaltechni00unit
- 1915-1918 Ferrovie di guerra nel vicentino. La linea decauville Marostica - Breganze - Calvene - Thiene, Francesco Brazzale e Roberto Sperotto, Edizioni Grafiche Leoni, Fara Vicentino, 2014, ISBN 9788889181201
- Treni e militari italiani, C. Paoletti e G. Marzocchi, Ass. cultur. Commissione Italiana di Storia Militare, 2017 (consultabile su www.calameo.com o direttamente al link http://ita.calameo.com/read/005182420c0b515c45cf3)
- Manuale tecnico militare per il montaggio / ripristino di brevi tratti di raccordi ferroviari militari o per il ripristino di tratti in zone a rischio, Colonnello Mario Pietrangeli, saggio, file PDF in http://centrostudistrategicicarlodecristoforis.com/
- Treni militari vie di comunicazioni e trasporti durante la Prima Guerra Mondiale, Colonnello Mario Pietrangeli, articolo, file PDF in http://centrostudistrategicicarlodecristoforis.com/
- Storia dei reparti ferroviari, Colonnello Mario Pietrangeli, articolo, file PDF in http://centrostudistrategicicarlodecristoforis.com/
- Narrow gauge at war, Keith Taylorson, Plateway Press, ISBN 1-871980 57 7
- Narrow gauge at war 2, Keith Taylorson, Plateway Press, 1996, 2008, ISBN 1 871980 28 1
- Light track from Arras, Keith Taylorson, Plateway Press, 1999, ISBN 1 871980 40 2
- K.u.K.Militarfeldbahnen in Bild, Gunter Krause - Dieter Stanfel, DGEG Medien, 2013, www.dgeg.de , ISBN 978-3-937189-70-3
- Binari nel passato, la Società Veneta Ferrovie, G. Cornolò e G. Villan, Armando Albertelli Editore, 1984
- Feldbahnen in Dritten Reich www.eisenbahn-kurier.de
- Voie Libre http://www.voielibre.com/
- Voie Etroite http://www.voieetroite.com/
- Railways and war before 1918, D. Bishop e K. Davis, London, Blandford Press, 1972, ISBN 0 7137 0703 8
- Narrow gauge to no mans land, Richard Dunn, ISBN 0-9615467-2-7, 1990
- Two-foot rail to the front, Charles S. Small, Railroad Monographs, 1982

- Handbook of narrow-gauge equipment (60-centimeter) for 12-inch mortar railway mount, model 1918. April 23, 1919. Washington : Government Printing Office, 1919.
- 70 ans de chemins de fer betteraviers en France, Eric Fresné, éd. LRpresse ISBN 978-2-903651-47-3
- M. Longarini: "Orenstein & Koppel" Edizioni Simple, ISBN 978-88-89177-97-6
- Narrow gauge to no man's land , Richard Dunn, 1990, ed. Benchmark Publications, Los Altos CA 94023
- Two-foot rails to the front, Charles S. Small, pubblished by Railroad Monographs, USA, 1982
- Heeresfeld-bahnen, Alfred B. Gottwald, Transpress Verlag, 1998, ISBN 3-613-70818-3
- I treni delle lane, Giorgio Chiericato e Franco Segalla, Ed. Bonomo Asiago, 1995
- Krauss Maffei, 150 years of progress through technology, Hermann Merker Verlag GmbH, 1988, ISBN 3-922 404-07-3
- La ferrovia delle Dolomiti, Evaldo Gaspari, Athesia, 1994, ISBN 88-7014-820-3
- Rotaie nelle valli del Noce, Mario Forni, UCT Trento, 1999, ISBN 88-86246-48-X
- Sir Arthur Heywood and the fifteen inch gauge railway, Mark Smithers, Plateway Press, 2010, ISBN 1 871980 62 3
- Narrow gauge by the sudanese Red sea coast, Henry Gunstun, Plateway Press, 2001, ISBN 1 871980 46 1
- 1918 un anno in guerra - 1918 ein Jahr im Krieg, Chiara De Bastiani e Marco Rech, DBS Rasai di Seren del Grappa, 2001
- Un secolo in corriera nella Provincia di Belluno, R. Fiabane e L. Fiori, Tipografia Piave, Belluno, 2000
- Vergessene Vergangenheit : Schmalspurbahnen der K.u.K. Armee zur Dolomitenfront 1915-1918, Verlag Dr. Rudolf Erhard, 6064 Rum; anno 1982
- La costruction des voies ferrées militaire, rivista La science et la vie, Georges Guinbal, anno ???
- Mori - Arco - Riva Storia di una ferrovia, Giacomo Nones, ed. Reverdito
- Tracks-to-the-Trenches-Education-Pack, libro in file PDF, Apedale Valley Light Railway
- Les petits trains de la grande guerre, libro in file PDF, Véronique Goloubinoff, Chargée d'études documentaires ECPAD
- Cours de chemin de fer a voie etroite, ecole militaire d'artillerie, 1929

- Una Decauville per il Frejus, Edoardo Tripodi, in Tutto Treno Storia, Duegi editrice
- Binari nella Grande Guerra, Cristian Rossi, edizione in proprio, tipografia Atena.net Grisignano d.Z. VI, 2013
- Ferrovie nelle fortificazioni francesi, http://voiede60.free.fr/
- Forum Loco Revue - http://forum.e-train.fr/
- Heeresfeldbahn - http://www.heeresfeldbahn.de/
- http://www.warofficehunslet.org.uk/
- Frankfurter Feldbahnmuseum www.feldbahn-ffm.de/
- http://chestofbooks.com/crafts/scientific-american/sup3/Portable-Railways-Part-3.html#.VEJxo3WsUVw
- http://chestofbooks.com/crafts/scientific-american/sup3/Portable-Railways.html#.VEJyQ3WsUVw
- Крепости и крепостные ЖД http://ava.telenet.dn.ua/bookshelf/Velichko_K_I%20-%20Krepostnye_ZhD/gl_11.html
- http://dic.academic.ru/dic.nsf/brokgauz_efron/40542/%D0%96%D0%B5%D0%BB%D0%B5%D0%B7%D0%BD%D1%8B%D0%B5
- http://joffre.org.uk/page002.html
- http://narrow.parovoz.com/baldwin.php
- http://www.heeresgeschichten.at/
- http://www.trucksplanet.com/
- http://www.cimeetrincee.it/
- www.isuu.com
- Allgemeine Automobil-Zeitung, 31. August 1919 http://anno.onb.ac.at/cgi-content/anno?aid=aaz&datum=19190831&zoom=33
- Mappe: http://igrek.amzp.pl/maplist.php?cat=gertopo&listsort=sortoption11&listtype=mapywig
- National Library of Scotland http://maps.nls.uk/geo/find/#zoom=8&lat=50,6198&lon=3,0462&layers=60&b=1&point=49.8822,3,3264
- http://maps.mapywig.org/m/German_maps/various/Topographic_and_tourist_maps/
- Deutsche Digitale Biliothek, Landesarchiv Baden-Württemberg https://www.deutsche-digitale-bibliothek.de/item/Q5WOXN76D5FDIQZOSXBTJ55GTK27ZFBN
- Forum http://www.vlaki.info/forum/viewtopic.php?t=7118
- http://www.gore-ljudje.net/novosti/84457/
- http://militera.lib.ru/h/zheleznodorozhnye_voyska_rossii/06.html

- Ecole militaire du génie. Division technique. Cours de voies de communication. Chemins de fer à voie étroite. Chemins de fer coloniaux http://gallica.bnf.fr/ark:/12148/bpt6k96936319/f1.image.r=voie%20de%2060
- Ecole militaire et application du génie. D.A,2. Cours de chemins de fer. Les chemins de fer militaires. Ouvrage d'art en campagne. Voie de 0m,60 http://gallica.bnf.fr/ark:/12148/bpt6k9756346s/f1.image.r=voie%20de%2060
- http://axioupolis.gr/index.php/eikones/a-pagkosmios-polemos/26-boemitsa
- https://www.flickr.com/photos/ssave/albums/72157666561315347
- Geschichte des k.u.k. Infanterie Regiment Nr. 73 "Württemberg", http://m-kummer.de/wk1.html
- https://en.wikipedia.org/wiki/Kodza_D%C3%A9r%C3%A9_Decauville_Railway
- https://gallica.bnf.fr/ark:/12148/bpt6k65514029/f105.texteImage
- http://www.narrow-lines.com/french-sugar-beet-railways/an-american-in-france-making-a-full-circle/
- https://gallica.bnf.fr/ark:/12148/btv1b6952381b.r=catalogue%20Decauville?rk=321890%3B0
- https://gallica.bnf.fr/ark:/12148/bpt6k6473956h/f17.item.r=locotracteur%20campagne%20a%20voie%20de%2060#
- http://archiv.kvalitne.cz/literat/uzke.htm
- http://www.nigellawton009.com/20HP_WD_Simplex.html
- https://www.greatwarforum.org/topic/221427-railways-and-the-salonika-campaign/
- https://catalog.archives.gov/
- Von der Landwirtschafts-Feldbahn zur Kleinbahn, Frankfurter Feldbahnmuseum e. V., Am Römerhof 15 f, D-60486, Frankfurt a. M.
- Samantha Sršen, Logistična podpora na soški fronti, http://dk.fdv.uni-lj.si/diplomska_dela_1/pdfs/mb11_srsen-samantha.pdf
- Immagini e storie dal Fronte delle Giudicarie - Valle del Chiese 1915 – 1918, Ovidio Pellizzari, ed biblioteca comunale di Borgo Chiese (Trento),

8. Strumenti informatici utilizzati

- Ubuntu - Sistema Operativo http://www.ubuntu.com/
- Libreoffice – scrittura, foglio elettronico, disegni, ecc. http://www.libreoffice.org/
- OCR on-line https://www.onlineocr.net
- Scansione - Xsane http://www.xsane.org/
- Visualizzatore di immagini - XnViewMP http://www.xnview.com/
- Scrittura mappe - http://umap.openstreetmap.fr/it/
- Fotoritocco - Gimp https://www.gimp.org/
- Generatore codici QR https://www.the-qrcode-generator.com/

9. Bibliografia estesa

Inserisco una lista di libri che hanno contribuito alla mia formazione umana e quindi collegati a questo lavoro di ricerca tecnica. Consiglio, ovviamente di leggerli.

"Il senso religioso" – "All'origine della pretesa cristiana" – "Perché la Chiesa", L. Giussani.

"Il potere dei senza potere", V. Havel.

"Il cavallo rosso", E. Corti.

"Getzemani", C Peguy.

"Miguel Mañara", O. V. Milosz.

"Le lettere di Berlicche", "Le cronache di Narnia", C. S. Lewis.

"Storia di un'anima", Teresa di Lisieux (Thérèse F. M. Martin).

"A ogni uomo un soldo", "Tutta la gloria nel profondo. Il mondo, la carne e Padre Smith", B. Marshall.

"il signore degli anelli", J. R. Tolkien.

"La strada", C. McCarthy.

"La lancia di Longino", L. de Wohl.

"Il potere e la gloria", G. Green.

"La forza di una vita fragile", S. C. Lutz.

"Se tu fossi qui", D. Rondoni.

"Le cose semplici", L. Doninelli.

"I miserabili", V Hugo

"Pace su Nagasaki", Paul Glynn

"Si prospettano giorni felici", G. M. Calzone

Lightning Source UK Ltd.
Milton Keynes UK
UKHW011909041021
391675UK00001B/43